AF547102

Alla Malkis

Status quo und Entwicklungspotentiale von Handelsmarken

Die Getränkebranche im internationalen Vergleich

Malkis, Alla: Status quo und Entwicklungspotentiale von Handelsmarken: Die Getränkebranche im internationalen Vergleich, Hamburg, Igel Verlag RWS 2014

Buch-ISBN: 978-3-95485-230-7
PDF-eBook-ISBN: 978-3-95485-730-2
Druck/Herstellung: Igel Verlag RWS, Hamburg, 2014

Bibliografische Information der Deutschen Nationalbibliothek:
Die Deutsche Nationalbibliothek verzeichnet diese Publikation in der Deutschen Nationalbibliografie; detaillierte bibliografische Daten sind im Internet über http://dnb.d-nb.de abrufbar.

Hermannstal 119k, 22119 Hamburg
http://www.diplomica.de, Hamburg 2014
Printed in Germany

I. Inhaltsverzeichnis

II. Abkürzungsverzeichnis

§	Paragraph
%	Prozent
€	Euro
Abb.	Abbildung
Abs.	Absatz
AfG	Alkoholfreie Getränke
AG	Aktiengesellschaft
Aufl.	Auflage
Ausg.	Ausgabe
bspw.	beispielsweise
bzw.	beziehungsweise
ca.	circa
CH	Schweiz
D	Deutschland
d.h.	das heißt
Diss.	Dissertation
e	estimated
e.V.	eingetragener Verein
EHI	Euro-Handelsinstitut
ES	Spanien
etc.	et cetera
EU	Europäische Union
F	Frankreich
f.	folgende
ff.	fortfolgende
GAM	Getränkeabholmarkt
GB	Great Britain
GfK	Gesellschaft für Konsumforschung
GmbH	Gesellschaft mit beschränkter Haftung
GWB	Gesetz gegen Wettbewerbsbeschränkungen
Hrsg.	Herausgeber
HU	Handelsunternehmen
I	Italien

i.d.R.	in der Regel
IuK	Information und Kommunikation
Jg.	Jahrgang
KPMG	Klynveld, Peat, Marwick und Goerdeler
l	Liter
LEH	Lebensmitteleinzelhandel
LP	Lebensmittel Praxis
Ltd.	limited
MarkenG	Markengesetz
MDD	Marques de Distributeurs
Mio.	Millionen
Mrd.	Milliarden
NL	Niederlande
Nr.	Nummer
o.S.	ohne Seite
o.V.	ohne Verfasser
PLMA	The Private Label Manufacturers Association
PoS	Point of Sale
S.	Seite
S.A.	Societé Anonyme
sog.	so genannte
Tab.	Tabelle
TK-Produkte	Tiefkühlprodukte
u.ä.	und ähnliches
u.a.	und andere
u.a.	unter anderem
US-$	US-Dollar
USA	United States of America
v.a.	vor allem
vgl.	vergleiche
vs.	versus
WARC	World Advertising Research Center
www	world wide web
z.B.	zum Beispiel

z.T.	zum Teil

III. Tabellenverzeichnis

IV. Abbildungsverzeichnis

1. Einleitung

1.1. Ausgangssituation

Handelsmarken haben in den letzten Jahren deutlich an Bedeutung gewonnen. Anfangs noch, v.a. in Deutschland, als „Aldi-native“ (kon 2001, S. 54) zu Markenartikeln angesehen und mit geringem Image behaftet, gewinnen sie seit geraumer Zeit immer mehr Vertrauen der Verbraucher (Jary/Schneider/Wileman 1999, S. 29) und verzeichnen mittlerweile stetig wachsende Umsatzzahlen. Schon längst stellen Handelsmarken keine Billigprodukte mit minderer Qualität dar, sondern den Markenartikeln qualitativ gleichwertige Produkte mit einem guten Preis-Leistungs-Verhältnis (KPMG 2003a, S. 1).
Inzwischen sind sie insbesondere in den Verbrauchsgütermärkten in Warengruppen vorhanden, die bislang von klassischen Herstellermarken dominiert wurden (Bruhn 2001, S. 5). Infolge des intensiven Wettbewerbs zwischen Handel und Industrie sowie zwischen verschiedenen Handelsunternehmen haben sich Handelsmarken weg von „Me-too“-Produkten hin zu einer strategischen Sortimentseinheit entwickelt (Bruhn 2001, S. 27). Die Handelsmarken stellen für den Handel zunehmend ein Instrumentarium dar, sich von Herstellern unabhängiger zu machen und die eigene Angebotskompetenz gegenüber Wettbewerbern zu demonstrieren (Dumke 1996, S. 103).
„Handelsmarken sind in allen wichtigen europäischen Ländern erfolgreich – allerdings mit unterschiedlichen Zielen, Strategien und Konzepten“ (Vanderhuck 2002a, S. 60). Diese Differenzen resultieren zum einen infolge der unterschiedlichen historischen Evolution der jeweiligen Handelslandschaft (Vanderhuck 2002a, S. 60). Zum anderen hängt der Stellenwert von Handelsmarken von länderspezifischen Entwicklungen der Makroumwelt (des unternehmensrelevanten Umfeldes) sowie der Mikroumwelt (der spezifischen Marktteilnehmer) ab (Bruhn 2001, S. 15).

1.2. Zielsetzung und Vorgehensweise

Das Ziel der vorliegenden Arbeit besteht darin, den Status quo, die vergangene und zukünftige Entwicklung von Handelsmarken in verschiedenen europäischen Märkten zu beleuchten. Hierzu wird zunächst eine länderübergreifende Analyse von Einflussfaktoren durchgeführt, die zu dem seit nunmehr vielen Jahren anhaltenden Erfolg der Handelsmarken beigetragen haben. Anschließend werden Unterschiede hinsichtlich der Bedeutung einzelner Handelsmarkenformen in den Ländermärkten Deutschland, Frankreich und Großbritannien beleuchtet sowie Einflussfaktoren identifiziert, die diese Differenzen hervorrufen. Darüber hinaus werden die künftigen Entwicklungspotenziale von Handelsmarken aufgezeigt. Hierbei beschränkt sich die Analyse auf die, dem Konsumgüterbereich zugehörige Getränkebranche. Da bei den meisten Publikationen zum Thema Handelsmarken der Lebensmitteleinzelhandel (LEH) im Vordergrund steht, liegt auch in dieser Arbeit der Fokus auf diesem Bereich.

Das erste Kapitel der vorliegenden Arbeit besteht aus einer kurzen Schilderung der Ausgangssituation.

Zur Einführung in das Thema werden im zweiten Kapitel die begrifflichen Grundlagen des Markenwesens vorgestellt. Hierzu werden die Begriffe „Marke", „Herstellermarke" und „Handelsmarke" definiert und eine arbeitsgerichtete Definition des Handelsmarkenbegriffs erarbeitet. Ausgehend von den definitorischen Abgrenzungen werden die unterschiedlichen Strategieoptionen für die Handelsmarke hergeleitet, woraus sich die Vielfalt der Handelsmarkenformen ergibt.

Im dritten Kapitel werden Funktionen und Ziele von Handelsmarken dargestellt.

Das nächste Kapitel widmet sich der historischen Entwicklung und dem aktuellen Stand von Handelsmarken in Europa.

Im fünften Kapitel werden Einflussfaktoren auf die positive Entwicklung von Handelsmarken ausführlich dargestellt. Dabei wird auf verschiedene Umstände eingegangen, die zum Wachstum der Handelsmarken in den letzten Jahren geführt haben.

Im Fokus des sechsten Kapitels steht die Analyse des Status quo von Handelmarken im internationalen Vergleich am Beispiel der Getränkebranche. Hierzu wird zunächst die Getränkebranche dargestellt. Anschließend wird die unterschiedliche Bedeutung der einzelnen Handelsmarkenformen in Deutschland, Frankreich und Großbritannien beleuchtet und Faktoren identifiziert, die diese Unterschiede verursachen.

Im siebten Kapitel werden länderübergreifende sowie länderspezifische Entwicklungspotenziale von Handelsmarken in der Zukunft aufgezeigt.

Abschließend erfolgt in Kapitel acht eine Zusammenfassung der Erkenntnisse.

2. Begriffliche Grundlagen

2.1. Begriff Marke

Die Bedeutung der Begriffe „Marke“ und „Markenartikel“ wird in der einschlägigen Literatur kontrovers diskutiert. Bereits 1939 schrieb Bergler: „Der Markenartikel in eindeutig fassbarer Form besteht... gar nicht“ (Berekoven 1978, S. 42). Mit der zunehmenden Bedeutung der Marke – insbesondere seit Mitte des 20. Jahrhunderts – hat sich eine Vielzahl an unterschiedlichen Auffassungen sowie Definitionsansätzen des Markenbegriffs herausgebildet (Bruhn 2004, S. 5). Diese Begriffsvielfalt ist auch in der heutigen Zeit präsent (Bumann/Meffert/Koers 2005, S. 5). Die nachfolgende Tabelle zeigt zusammenfassend die wichtigsten Definitionen, die das Markenverständnis in Wissenschaft und Praxis prägen.

Tab. 1: Markendefinitionen

Markendefinitionen	
Domizlaff (1939)	Ein(e) Marke(nartikel) ist eine Fertigware, die mittels eines Zeichens markiert ist und die dem Konsumenten mit konstantem Auftritt und Preis in einem größeren Verbreitungsraum dargeboten wird.
Ogilvy (1951)	The brand is the consumer's idea of a product.
Mellerowicz (1963)	Markenartikel sind [...] „für den privaten Bedarf geschaffenen Fertigwaren, die in einem größeren Absatzraum unter einem besonderen, die Herkunft kennzeichnenden Merkmal (Marke) in einheitlicher Aufmachung, gleicher Menge sowie in gleichbleibender oder verbesserter Güte erhältlich sind und sich dadurch sowie durch die für sie betriebene Werbung die Anerkennung der beteiligten Wirtschaftskreise (Verbraucher, Händler und Hersteller) erworben haben (Verkehrsgeltung).
American Marketing Association (vor 2004), Kotler (1991, 2000), Keller (1993)	A name, term, sign, symbol, or design, or a combination of them intented to identify the goods or services of one seller or a group of sellers and to differentiate them from those of competition.
Aaker (1992)	Eine Marke ist ein charakteristischer Name und/oder Symbol.
Kapferer (1992)	Die Marke ist für den potenziellen Käufer ein Erkennungszeichen.

Weinberg (1993)	Unter Marken(artikeln) versteht man übereinstimmend Güter, die durch ein Markenzeichen gekennzeichnet sind und sich durch einen zeitlich relativ stabilen und prägnanten Eigenschaftskatalog auszeichnen.
MarkenG § 3 Abs. 1 (1995)	Als Marke können [...] Zeichen, insbesondere Wörter einschließlich Personennamen, Abbildungen, Buchstaben, Zahlen, Hörzeichen, dreidimensionale Gestaltungen einschließlich der Form einer Ware oder ihrer Verpackung sowie sonstige Aufmachungen einschließlich Farben und Farbzusammenstellungen geschützt werden, die geeignet sind, Waren oder Dienstleistungen eines Unternehmens von denjenigen anderer Unternehmen zu unterscheiden.
Baumgarth (2001)	Eine Marke ist ein Name, Begriff, Zeichen, Symbol, eine Gestaltungsform oder eine Kombination aus diesen Bestandteilen, welches bei den relevanten Nachfragern bekannt ist und im Vergleich zu Konkurrenzangeboten ein differenzierendes Image aufweist, welches zu Präferenzen führt.
Adjouri (2002)	Eine Marke ist ein Botschafter zwischen Unternehmen und Zielgruppen [...], ein Zeichen, das mittels von Bedeutungen Produkte bzw. Dienstleistungen eine Identität gibt und diese bei den Zielgruppen erfolgreich vermittelt.
Keller (2003)	A brand is [...] a product, but one that adds other dimensions that differentiate it in some way from other products designed to satisfy the same needs.
Bruhn/GEM (2003)	Als Marke werden Leistungen bezeichnet, die neben einer unterscheidungsfähigen Markierung durch ein systematisches Absatzkonzept im Markt ein Qualitätsversprechen geben, das eine dauerhaft werthaltige, nutzenstiftende Wirkung erzielt und bei der relevanten Zielgruppe in der Erfüllung der Kundenerwartungen einen nachhaltigen Erfolg im Markt realisiert bzw. realisieren kann.
Welling (2003)	Eine Marke ist ein individuelles und schutzfähiges Zeichen bzw. Zeichenbündel, das ein Marktteilnehmer im Wettbewerb verwenden kann, um angebotene bzw. anbietbare Leistungsbündel durch Kennzeichnung von denen anderer Marktteilnehmer zu unterscheiden und durch die Verwendung zugleich in seinen Sinne positive, d.h. tauschrelevante Wirkungen bei aktuellen und potenziellen Tauschpartnern bzw. Tauschbeeinflussern zu entfalten, die seine Zielsetzung zu erreichen helfen.
American Marketing Association (2004)	A name, term, design, or any other feature that identifies one seller's good or service as distinct from those of other sellers. The legal term for brand as trademark. A brand may identify one item, a family of items, or all items of that seller.

Quelle: Burmann/Meffert/Koers 2005, S. 5f.

„Der Begriff der Marke wird differenziert nach Marke als formales, als juristisches und als physisches Objekt (Dembeck 2004, S. 22).

Der Begriff **Marke als formales Objekt** (Markenzeichen) ist „vorerst im Wesentlichen als ein Zeichen zu verstehen“ (Angern 1960, S. 5), welches „jedes die Herkunft einer Ware kennzeichnende Merkmal“ (Huber 1969, S. 1) beinhaltet. Hierbei kann es sich um optische Markenzeichen, Bilder, Hörzeichen, Geruchzeichen, Tastzeichen oder Geschmackzeichen handeln (Sander 1994, S. 7). Die genannten Zeichen werden als Markenzeichen im weiteren Sinne interpretiert und sind gegenüber den Markenzeichen im engeren Sinne, den sogenannten Warenzeichen im Sinne des Warenzeichengesetztes (WZG) nur begrenzt bzw. gar nicht schutzfähig (Dumke 1996, S. 10). Die Markenrechtsreform aus dem Jahre 1994 sowie der Entwurf des Markengesetzes (Gesetz über den Schutz von Marken und sonstigen Kennzeichen) haben zu einer Erweiterung des Terminus „Marke“ als juristisches Objekt geführt (Bruhn 2004a, S. 12f.).

Die **Marke als juristisches Objekt** (Warenzeichen) gewährt dem Markeninhaber ein Markenschutzrecht (Michalsky 1996, S. 15). Das seit 1936 geltende WZG bildete bis Ende 1994 den gesetzlichen Rahmen für den Markenschutz. Dabei verwendete der Gesetzgeber den Begriff „Marke“ ausschließlich für Dienstleistungen während für körperliche Produkte der Terminus „Warenzeichen“ maßgeblich war (Bruhn 2004a, S. 13). Seit 1995 bildet nun das Markengesetz (MarkenG) die nationale Rechtsgrundlage des Markenschutzes. Es beinhaltet die bis dahin in verschiedenen Gesetzen geregelten Vorschriften zum Markenschutz (Sattler 2001, S. 42). Nach §3 Abs. 1 MarkenG wird die Marke wie folgt definiert: "Als Marke können alle Zeichen, insbesondere Wörter einschließlich Personennamen, Abbildungen, Buchstaben, Zahlen, Hörzeichen, dreidimensionale Gestaltungen einschließlich der Form einer Ware oder ihrer Verpackung sowie sonstige Aufmachungen einschließlich Farben und Farbzusammenstellungen geschützt werden, die geeignet sind, Waren oder Dienstleistungen eines Unternehmens von denjenigen anderer Unternehmen zu unterscheiden" (Sattler 2001, S. 39). Ziel des Gesetzgebers ist es, deutlich zu differenzieren, wer die Ware in den Verkehr gebracht hat. Dabei spielt es keine Rolle, ob es sich um einen Hersteller, Händler oder eine sonstige Person bzw. Institution handelt (Berekoven 1992, S. 42). Der Markenschutz erstreckt sich nur auf Markenwaren, die von der Legislative wie folgt definiert werden: „Markenwaren sind Erzeugnisse, deren Lieferung in gleichbleibender oder verbesserter Güte von dem preisempfehlenden Unternehmen gewährleistet wird und 1. die selbst oder 2. deren für die Abgabe an den Verbraucher bestimmte Umhüllung oder Ausstattung oder 3. deren Behältnisse, aus denen sie verkauft werden, mit einem ihre Herkunft kennzeichnenden Merkmal (Firmen-, Wort- oder

Bildzeichen) versehen sind" (GWB 2006). Da es lange Zeit an einer juristisch gesicherten Definition der Marke fehlte, entstand in der Markendiskussion ein „Dualismus zwischen dem juristischen Terminus des „Warenzeichens" (rechtlich geschütztes Zeichen) und dem absatzwirtschaftlichen Begriff der Marke bzw. des Markenartikels" (Messing 1987, S. 268).

Die **Marke als physisches Objekt** (Markenartikel) bestimmt sich gemäß der klassischen Definition des Markenartikels nach Mellerowicz aus acht konstitutiven Merkmalen. Markenartikel sind alle „für den privaten Bedarf geschaffenen Fertigwaren, die in einem größeren Absatzraum unter einem besonderen, die Herkunft kennzeichnenden Merkmal (Marke) in einheitlicher Aufmachung, gleicher Menge sowie in gleichbleibender oder verbesserter Güte erhältlich sind und sich dadurch sowie durch die für sie betriebene Werbung die Anerkennung der beteiligten Wirtschaftskreise (Verbraucher, Händler und Hersteller) erworben haben (Verkehrsgeltung) (Mellerowicz 1963, S. 39).

Neben der merkmalsbezogenen Definition des Markenartikels nach Mellerowicz, existieren in der Literatur mehrere Erklärungsansätze, die zur Wesensbestimmung von Marken herangezogen werden können. Diese reichen von merkmalsbezogenen Eigenschaftskatalogen bis hin zur Wirkungsbezogenheit beim Konsumenten (Bruhn 2001, S. 6f.). An dieser Stelle ist anzumerken, dass diese Erklärungsansätze nicht miteinender konkurrieren (Bruhn 2004a, S. 11) sondern „im Grunde eine vergangenheitsbezogene Bewältigung der offenen begrifflichen Probleme zur Markendefinition darstellen" (Bruhn 2001, S. 8). Ferner ist zu betonen, dass infolge zahlreicher Operationalisierungs- und Abgrenzungsprobleme mit Ausnahme des wirkungsbezogenen Ansatzes keiner der Ansätze Einigkeit über den Begriff Marke erzielt (Bruhn 2001, S. 8).

Tab. 2: Erklärungsansätze zur Wesensbestimmung von Marken

Erklärungsansatz	Vertreter	Kernaussage
Merkmalsorientierter Ansatz	Meffert (1979, S. 19ff.); Mellerowicz (1963, S. 39)	• Merkmalskatalog mit herausragenden Eigenschaften eines Konsumgutes als konstitutiver Bestimmungsfaktor der Marke • Handelsmarkenartikel aufgrund fehlender Merkmalsausstattung keine Markenartikel
Intensitätsbezogener Ansatz	Berekoven (1978, S. 41)	• Hierarchische Klassifikation von Marken nach der Intensität von Merkmalsausprägungen • Handelsmarken als Marken „zweiter Klasse"

Herkunfts-strukturierender Ansatz	Kelz (1989, S. 47ff.); Berekoven (1992, S. 40ff.)	• Abgrenzung der Marke nach der Herkunft bzw. dem Eigentümer der Markenrechte • Handelsmarken als „gleichberechtigte" Marken
Instrumentaler Ansatz	Meffert (1979, S. 19ff.)	• Markencharakteristik entsprechend der Ausprägung der spezifischen Instrumenteeinsatzes der Markenpolitik •Handelsmarken im Vergleich zur klassischen Herstellermarke
Absatzsystemorientierter Ansatz	Alewell (1974, Sp. 1218ff.)	•Marke als Ausdruck eines geschlossenen Absatzkonzeptes, das auf die Erreichung marketingpolitischer Ziele ausgerichtet ist •keine Gesetzmäßigkeiten in der Definition von Hersteller- und Handelsmarken
Erfolgsorientierter Ansatz	Berekoven (1978, S. 41)	•Marke als erfolgreiches Wettbewerbsprodukt unter Einsatz des Marketinginstrumentariums; Erfüllungsgrad ökonomischer (z.B. Marktanteil, Distributionsgrad) und psychologischer (z.B. Markenbekanntheit, Markenimage) Marketingziele als Markenkriterium •Handelsmarken unter bestimmten Voraussetzungen gleichzusetzen mit Marken
Wirkungsbezogener Ansatz	Meffert (1986, S. 31); Berekoven (1978, S. 43)	•Markenartikel als Frage der Wahrnehmung durch Konsumenten •Keine a priori Differenzierung zwischen Herstellermarken und Handelsmarken

Quelle: in Anlehnung an Bruhn 2001, S. 6ff.; Peters 1998, S. 32.

Die in der Tab. 2 zusammenfassend dargestellten Kernaussagen der Erklärungsansätze zur Wesensbestimmung von Marken verdeutlichen die in der einschlägigen Literatur oft kontrovers geführte Diskussion über die Einordnung der Handelsmarke in die Systematik des Markenwesens. Nach Ansicht einiger Autoren wird die Handelsmarke dem Markenartikel gleichwertig gegenübergestellt, während für andere der Markenartikel den Oberbegriff und die Handelsmarke einen untergeordneten Begriff darstellt. Hinzu treten Meinungen, die zwischen dem Markenartikel der Industrie und Markenartikel des Handels unterscheiden (Bruhn 2001, S. 9). "Die fehlende formalrechtliche Definition für Handelsmarken bedingt unterschiedliche Definitionen und Verwendungen des Handelsmarkenbegriffs in Wissenschaft und Praxis" (Hammann/Niehuis/Braun 2001, S. 983).

2.2. Begriff Handelsmarke

2.2.1. Überblick

Für den Terminus „Handelsmarke“, im Englischen bekannt als „private brand“, „store brand“ oder auch „private label“, existieren im deutschsprachigem Raum recht unterschiedliche Begriffsbestimmungen (Schenk 2001, S. 75). Als Folge der sich herausgebildeten Begriffsvielfalt der Termini „Marke“ und „Handelsmarke“ wird in der relevanten Marketingliteratur oft kontrovers diskutiert, „wie sich der klassische Markenartikel, die Marke und insbesondere die Handelsmarke voneinander abgrenzen lassen“ (Bruhn 2001, S. 6). Da das Markenwesen seit geraumer Zeit durch die Hersteller der Konsumgüterindustrie geprägt wird, assoziieren viele Konsumenten den Begriff „Marke“ mit der Herstellermarke (Peters 1998, S. 33f.). Zudem verstärkt eine häufige Verwendung von Begriffen wie „klassischer Markenartikel“, „berühmter Markenartikel“ u.ä. für Herstellermarken diese Assoziationen (Schenk 2001, S. 93) und führt dazu, dass sich der Terminus „Marke“ im Bewusstsein der Verbraucher als Herstellermarke manifestiert hat (Berekoven 1995, S. 134). Infolge des zunehmenden vertikalen Markenwettbewerbs, bei dem die Markenartikel der Hersteller sowie die Handelsmarken aufgrund der Ausrichtung auf die Befriedigung gleicher oder ähnlicher Konsumentenbedürfnisse in Konkurrenz zu einander stehen (Bruhn 1999, S. 451), versuchen einige Vertreter der Konsumgüterindustrie ihre Marken als Markenartikel und als Gegenbegriff zu den Handelsmarken einzusetzen (Peters 1998, S. 33ff.). Die auf der ideologischen Ebene, d.h. von den Vertretern der „klassischen“ Markenartikelindustrie (Bruhn 2001, S. 6), geführte Handelsmarkendiskussion „bezüglich der Unterschiede zwischen Hersteller- und Handelsmarken ist durch immer wieder lancierte Behauptung geprägt, dass eine Eigenmarke des Handels den Status einer „echten“ Markenware nicht verdient hätte“ (Gröppel Klein 2005, S. 1117). So behauptet bspw. Johann C. Lindenberg, Vorsitzender der Geschäftsführung der Unilever Deutschland GmbH, Chairman der Unilever Bestfoods Deutschland GmbH sowie Präsident des Markenverbandes e.V. in einem Interview mit der Lebensmittelzeitung, dass es abgesehen von wenigen Einzelbeispielen, kaum Handelsmarken gibt, „die das Etikett "Marke" wirklich in Anspruch nehmen können“ (Konrad 2002a, S. 65). In Anbetracht dieser Diskussion werden nachfolgend die Begriffe „Handelsmarke“ und „Herstellermarke“ voneinander abgegrenzt. Dabei lassen sich „Begriffsabgrenzungen auf Basis von Merkmalskatalogen (objektbezogene Betrachtung) und auf Basis des Markenträgers (subjektbezogene Betrachtung) unterscheiden“ (Bodenbach 1996, S. 21).

2.2.2. Abgrenzung von Herstellermarken und Handelsmarken auf Basis produktbezogener Merkmalskataloge

Ausgehend von der klassischen Markenartikeldefinition hat Mellerowicz (1963, S. 40) Handelsmarken anhand von drei Unterscheidungsmerkmalen von Markenartikeln abgegrenzt: Beschränkung im Absatzraum, Beschränkung auf Produkte ohne weitgehenden industriellen Fertigungsprozess sowie mangelnde Verbraucherwerbung (Peters 1998, S. 34).

Als **erstes Unterscheidungskriterium** zwischen Handels- und Herstellermarken wurde lange Zeit das fehlende konstitutive Merkmal der Ubiquität gesehen (Bruhn 2001, S. 7). Hierbei wurde argumentiert, dass Handelsmarken aufgrund des selektiven Vertriebs einen beschränkten Absatzraum hätten (Gröppel Klein 2005, S. 1117). In der heutigen Handelslandschaft findet diese Behauptung keine Relevanz mehr (Zaari Jabri 2005, S. 26). Zum einen existieren auch Herstellermarken, die aus Imagegründen bewusst selektiv vertrieben werden oder „aus geografischen bzw. gruppenspezifischen Gründen keine nationale Akzeptanz beim Verbraucher (z.B. bei Bier)“ (Peters 1998, S. 34) erreichen. Zum anderen weisen heute Handelsmarken v.a. in den Verbrauchsgütermärkten einen ähnlichen Distributionsgrad, d.h. den „Grad der Präsenz eines Produktes in den einzelnen Betriebstypen des Handels“ (Zentes/Swoboda 2001, S. 105) auf wie Herstellermarken (Bruhn 2001, S. 7). Dieser ist u.a. infolge der fortschreitenden Handelskonzentration (Raeber 2001, S. 339) sowie flächendeckender Expansionen (Gröppel Klein 2005, S. 1117) beträchtlich gestiegen. So vereinen heute die TOP-5 des deutschen LEH rund 70 % des Marktanteils auf sich (Metro Group 2006, S. 45). Da diese Handelsunternehmen mittlerweile über große Filial- und Händlernetze verfügen, sind die jeweiligen Handelsmarken „nicht nur in jedem Ort, sondern vielfach in jedem Stadtteil [...] verfügbar“ (Gröppel-Klein 2005, S. 1117). So erreicht bspw. in Deutschland der Discounter „Aldi“ mit seinen ca. 3.800 Filialen eine Haushaltsabdeckung von 86,5 % (Zaari Jabri 2005, S. 26). Die Konzentrationsprozesse werden zusätzlich durch zunehmende Internationalisierungstendenzen verstärkt, die ihren Ausdruck in „Akquisitionen und Fusionen, europaweiten Einkaufskooperationen und internationalen Filialnetzen“ finden (Sattler 2001, S. 33). Mit verstärkter internationaler Präsenz weiten Handelsunternehmen ihren Absatzraum aus, wodurch die Handelsmarken einen noch höheren Distributionsgrad aufweisen. So beträgt bspw. bei „Aldi“ bei einer weltweiten Präsenz in 15 Ländern (Metro Group 2006, S. 72f.) der Anteil des Auslandsumsatzes am Gesamtumsatz rund 45 % (Metro Group 2006, S. 15).

Als **weiteres Differenzierungskriterium** wurde gesehen, „dass Handelsunternehmen aufgrund der Fremdherstellung durch den Hersteller für ihre Marken keine uneingeschränkte Qualitätsgarantie übernehmen können" (Bruhn 2001, S. 7). Auch diese Behauptung wurde insbesondere durch Testergebnisse von Stiftung Warentest mehrmals „als ideologisches Ablenkungsmanöver entlarvt" (Schenk 1997, S. 77). So belegen in zahlreichen objektiven Untersuchungen die Ergebnisse der Stiftung Warentest, dass Handelsmarken den Herstellermarken hinsichtlich der Qualität in nichts nach stehen (Zaari Jabri 2005, S. 27). Auf zahlreichen Internetseiten finden sich Listen mit bekannten Markenartikelherstellern, die Handelsmarken produzieren (Schneider 2005, S. 103f.).

Ein **drittes Abgrenzungskriterium** wird in der mangelnden Verbraucherwerbung von Handelsmarken gesehen (Mellerowicz 1963, S. 39f.). Diesbezüglich wurde folgendermaßen argumentiert: „Dank des persönlichen Kontaktes des Händlers mit seinen Kunden ist dieser weniger auf den Einsatz massengezielter Werbemittel angewiesen" (Huber 1969, S. 18). Auch diese Behauptung kann heute als überholt angesehen werden. Denn wie aus den aktuellen Auswertungen von Nielsen Media Research hervorgeht, ist der Einzelhandel mit Gesamtwerbeausgaben von knapp 1,2 Mrd. Euro in den klassischen Medien die größte werbetreibende Branche in Deutschland. Ferner wird bei einer Untersuchung der 20 meistbeworbenen Produkten im Zeitraum Januar-August 2006 konstatiert, dass an der Spitze des Rankings bekannte Handelsunternehmen wie „Lidl", „Aldi", „Media-Markt", „Saturn" und „Schlecker" stehen (Saal 2006a, S. 23).

Es lässt sich also resümieren, dass die genannten Unterscheidungsmerkmale heute nicht mehr zur Differenzierung zwischen Hersteller- und Handelsmarken herangezogen werden können. Folglich soll die Abgrenzung der beiden Markenformen anhand der „institutionellen Marktstellung des Inhabers der Marke bzw. der gesetzlichen Schutzrechte an der Marke" (Zentes/Swoboda 2001, S. 197) erfolgen.

2.2.3. Abgrenzung von Herstellermarken und Handelsmarken auf Basis des Markenträgers

Bei der Begriffsabgrenzung von Marken hinsichtlich des Markenträgers (subjektbezogene Betrachtung) stehen im Gegensatz zu (idealen) Merkmalsausprägungen der Marke die spezifischen Eigenschaften eines Markenträges im Vordergrund der Betrachtung (Bodenbach 1996, S. 23). Als Markenträger wird in diesem Zusammenhang das Wirtschaftssubjekt verstanden, welches „hinter einer Marke steht" (Schäfer 1959, S. 404). Nach einer Standarddefinition sind „Herstellermarken, auch als Fabrik- oder Industriemarken bezeichnet, [...] Waren- oder Firmenkennzeichen, mit denen eine Herstellerunternehmung ihre Waren versieht. In der Praxis ist mit der Herstellermarke häufig nicht nur das Kennzeichen selbst gemeint, sondern auch der Artikel, der damit versehen ist und der als Herstellermarkenartikel bezeichnet wird“ (Katalog E 2006, S. 130). Analog hierzu sind „Handelsmarken, auch als Händler- oder Hausmarken bezeichnet, [...] Waren- oder Firmenkennzeichen, mit denen eine einzelne Handelsunternehmung, eine Verbundgruppe oder eine Franchiseorganisation Waren markiert oder markieren lässt, um die so gekennzeichneten Waren exklusiv und im allgemeinen nur in den eigenen Verkaufsstätten zu vertreiben. In der Praxis ist mit der Handelsmarke häufig nicht nur das Kennzeichen selbst gemeint, sondern auch der Artikel, der damit versehen ist und der als Handelsmarkenartikel bezeichnet wird“ (Katalog E 2006, S. 130).

In der Literatur finden sich neben dem Begriff „Handelsmarke“ auch die Termini „Eigenmarke“ und „Exklusivmarke“. Während einige Autoren, wie bspw. Berekoven (1995, S. 134), Huber (1969, S. 11), Jauschowetz (1995, S. 121) und Liebmann/Zentes (2001, S. 495) die Begriffe „Handelsmarke“ und „Eigenmarke“ synonym verwenden, müssen diese streng genommen differenziert werden, da hier aus rechtlicher Sicht Unterschiede bezüglich der Trägerschaft des gewerblichen Schutzrechtes vorliegen. „Eigenmarken sind Marken eines Herstellers, die er für die an einen Kunden gelieferten Produkte exklusiv verwendet. Ein Produkt wird auf diese Weise unter einer Vielzahl von Marken vertrieben“ (Oehme 2001b, S. 356). Somit ist Marketingträger von Eigenmarken, im Gegensatz zu Handelsmarken, der Hersteller und nicht das Handelsunternehmen. Die Besonderheit der sog. Exklusivmarken liegt darin, dass diese exklusiv an ein Handelsunternehmen vertrieben werden. Auch hier liegen die Markenrechte beim Hersteller (Bruhn 2001, S. 35). Die Begriffe „Eigenmarke“ und „Exklusivmarke“ sollen im folgenden keine Verwendung finden.

Im Rahmen der vorliegenden Arbeit ist Handelsmarke, in Anlehnung an Ahlert/Kenning/Schneider "eine Marke, die sich im rechtlichen Eigentum einer Handelsunternehmung befindet und mit der die jeweilige Handelsunternehmung Artikel kennzeichnet“ (Ahlert/Kenning/Schneider 2000, S. 28).

In Bezug auf die Einordnung der Handelsmarken in die Systematik des Markenwesens werden in Anlehnung an Bruhn (2001, S. 10) sowie Müller-Hagedorn (1998, S. 432) Hersteller- und Handelsmarken als Unterformen der Markenware verstanden.

Abb. 1: Systematik des Markenwesens

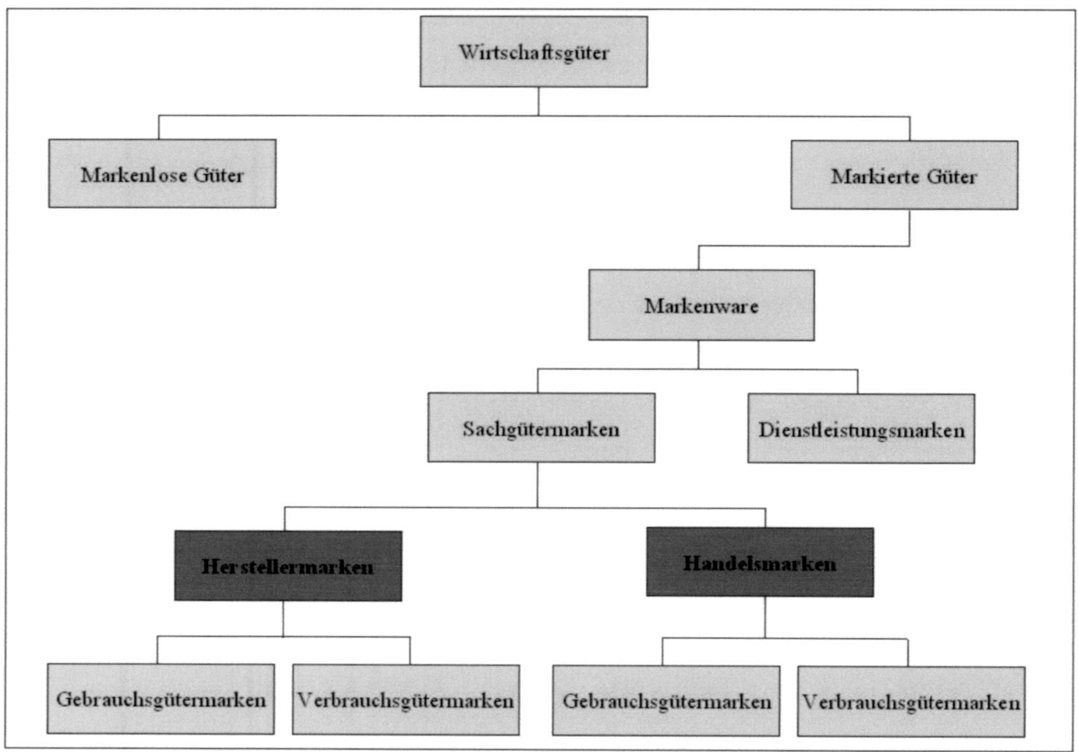

Quelle: in Anlehnung an Bruhn 2001, S. 10.

Handelsmarken sind den Markenartikeln der Hersteller ebenbürtig und werden genauso professionell geschaffen und gepflegt (Oehme 2001a, S. 151). „Herstellermarken und Handelsmarken unterscheiden sich prinzipiell weder nach Qualität noch nach bestimmten Produkteigenschaften, sondern lediglich durch die jeweilige Markeneignerschaft und durch die Disposition über die Gestaltung der Marke“ (Schenk 2001, S. 78). „Sie sind das Pendant zu Herstellermarken, da in diesem Falle der Handel als Markeneigner auftritt“ (Berekoven 1995, S. 134)

2.3. Strategieoptionen von Handelsmarken

„Vor dem Hintergrund der Wesensbestimmung und definitorischen Abgrenzung von Marken und Handelsmarken lassen sich verschiedene Erscheinungsformen von Handelsmarken unterscheiden“ (Bruhn 2001, S. 10f.). Zu deren Systematisierung bietet Bruhn (2006, S. 642) eine Typologisierung in Hinblick auf die Strategiedimensionen Kompetenzhöhe, Kompetenzbreite, Kompetenztiefe, Markenname und Sortimentsbedeutung.

Abb. 2: Strategische Optionen von Handelsmarken

Strategiedimensionen	Ausprägungen / Strategieoptionen
Kompetenzhöhe	Premium-Handelsmarke ↔ Klassische Handelsmarke ↔ No-Names
Kompetenzbreite	Einzelmarke ↔ Sortiments-/ Warengruppenmarke ↔ Dachmarke
Kompetenztiefe	Regional ↔ National ↔ International
Markenname	Firmenmarke ↔ Phantasiemarke
Sortimentsbedeutung	Basis-/ Kernmarke ↔ Zusatz-/ Randmarke

Quelle: Bruhn 2006, S. 642.

Die sich bei einer Betrachtung der strategischen Dimensionen von Handelsmarken ergebenden Erscheinungsformen werden nachfolgend erläutert. Auf Grund der starken Gewichtung der Kompetenzhöhe in der einschlägigen Literatur werden die übrigen Strategiedimensionen weniger stark fokussiert.

Die Festlegung der **Kompetenzhöhe** (Markenniveau), „umfasst die Wahl des richtigen Markentypus unter dem Aspekt der strategischen Positionierung im Markt“ (Bruhn 2006, S. 642). Eine Markenpositionierung wird als „eine zielgerichtete Gestaltung der Stellung einer Marke im Markt im Hinblick auf (von den Nachfragern als subjektiv wahrgenommene) zentrale Dimensionen (Positionierungsdimensionen) durch Markenanbieter“ (Sattler 2001, S. 88) verstanden. Häufig eingesetzte Positionierungsdimensionen in diesem Zusammenhang stellen Preis und Qualität dar (Sattler 2001, S. 90). Nach Bruhn (2001, S. 11) führte eine detaillierte Analyse der verschiedenen Erscheinungsformen von Handelsmarken hinsichtlich ihrer Produkteigenschaften in Relation zur klassischen Herstellermarke zu der in der folgenden Abbildung dargestellten Markentypologie.

Abb. 3: Markentypologie nach Produkteigenschaften

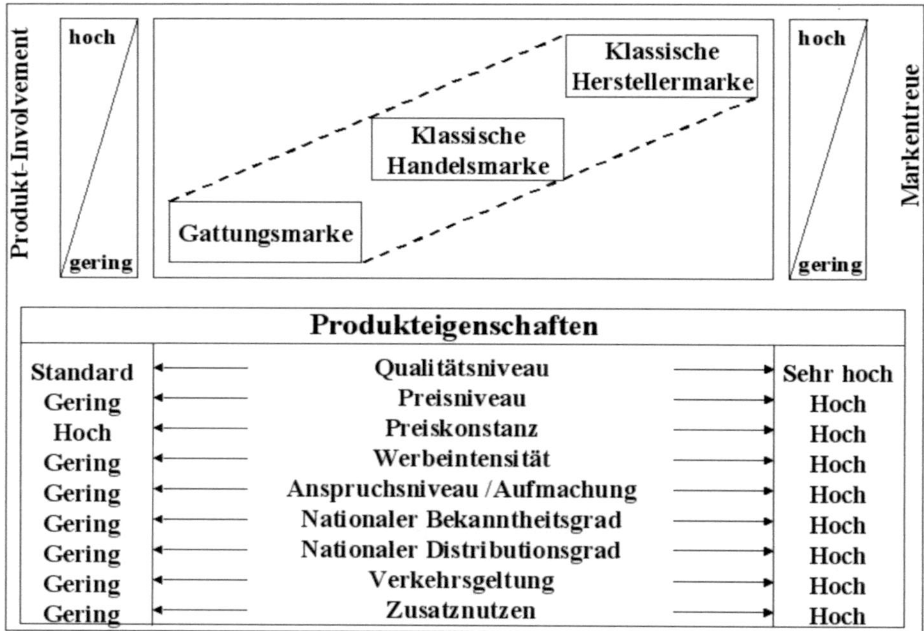

Quelle: Bruhn 2001, S. 11; Koppe 2003, S. 61.

Basierend auf dieser Typologisierung hat Bruhn (2001, S. 12) zusätzlich die Positionierung der verschiedenen Erscheinungsformen im Wahrnehmungsraum der Konsumenten auf Basis von Preis und Qualität dargestellt.

Abb. 4: Positionierung der Erscheinungsformen von Handelsmarken gegenüber Herstellermarken

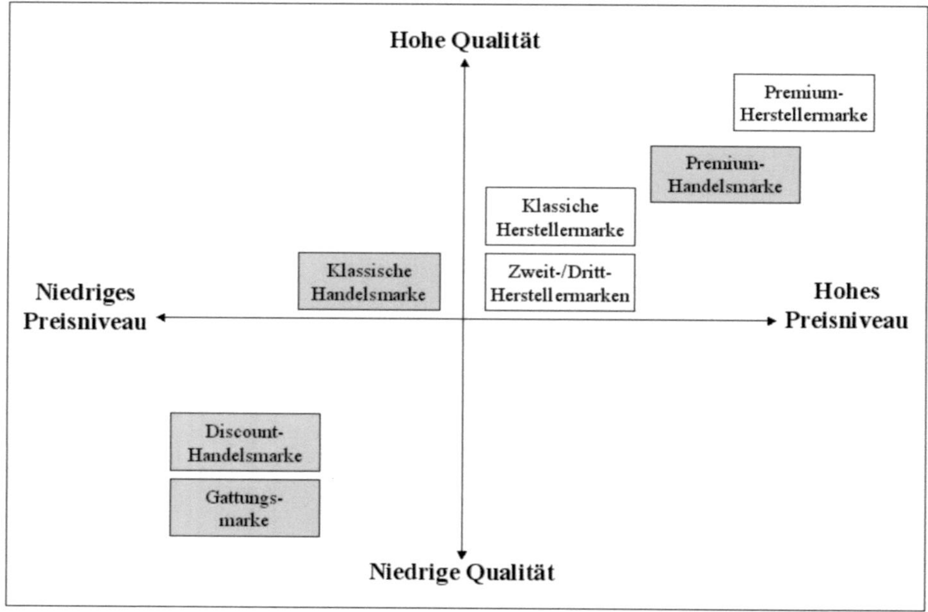

Quelle: Bruhn 2001, S. 12.

Auf Basis der beiden Wahrnehmungsdimensionen Qualität- und Preisniveau lassen sich drei Positionierungsebenen der Handelsmarken unterscheiden: Premium-Handelsmarken, klassische Handelsmarken sowie Gattungsmarken (Bruhn 2006, S. 635). Diese stehen im vertikalen Wettbewerb zu den Herstellermarken, deren Ausprägungen die Premium-Herstellermarke, klassische Herstellermarke sowie Zweit-/Dritt-Herstellermarke betreffen.

Die **Premium-Herstellermarke** zeichnet sich durch hohe Qualität und hohes Preisniveau aus. Beim Kauf dieser Marken, zu denen bspw. bekannte Champagnermarken, Parfüms oder die Produkte berühmter Textilhersteller zählen, hat neben der Qualität oft auch der Prestigeaspekt eine hohe Bedeutung, weswegen sie „bei den Konsumenten ein besonders hohes Ansehen genießen“ (Bruhn 2001, S. 11). Nach Liebmann/Zentes (2001, S. 496) sowie nach Bruhn (2001 S, 11) ist das Ziel dieser Kunden, sich durch den Kauf dieser Produkte von der Masse der übrigen Konsumenten abzuheben und einen bestimmten Lebensstil zu demonstrieren. Als Beispiel nennt Pepels (1995, S. 184) „Adam Henkell-Champagner“ der Henkell-Söhnlein Sektkellerei.

Bei der **Premium-Handelsmarke** handelt es sich ebenfalls um einen Artikel mit sehr guter Produktqualität. Das Preisniveau kann jedoch je nach der vom Anbieter verfolgten Strategie unterschiedlich sein. Bruhn (2001, S. 12) positioniert in seinem Schaubild die Premium-Handelsmarke sowohl bezüglich des Preises als auch der Qualität unterhalb der Premium-Herstellermarken. An diesem Positionierungsschaubild sieht Schenk (2004, S. 129) einen wichtigen Kritikpunkt, denn es „hypostasiert nicht nur eine generelle Höherwertigkeit von „klassischen“ und Premium-Herstellermarken gegenüber Handelsmarken, sondern auch noch eine überschneidungsfreie klassifikatorische Abgrenzung“ (Schenk 2004, S. 129). Für ihn charakterisieren sich Premium-Handelsmarken durch hohe Qualität mit damit einhergehenden hohen Preisniveau. Nach Meffert (2000, S. 874) gibt es teilweise Handelsunternehmen wie z.B. das englische Unternehmen „Marks & Spencer“, deren im Food-Bereich im Hochpreissegment angesiedelte Handelsmarke „St’ Michaels“ die qualitativen Ansprüche vieler Herstellermarken sogar übertrifft. Dadurch sind Premium-Handelsmarken nicht wie die klassischen Handelsmarken als „Me-too“-Produkte anzusehen (Meffert 2000a, S. 874). Als weitere Beispiele führt Bruhn (2006, S. 643) die Lifestyle- oder biologisch orientierte Handelsmarken, wie z.B. die ökologisch-orientierte Marke „Füllhorn“ der Rewe-Gruppe oder „Bio-Wertkost“ von Edeka auf.

Die **klassische Herstellermarke (A-Marke)** zeichnet sich durch einen hohen Distributionsgrad und stetige Innovationszyklen aus (Liebmann/Zentes 2001, S. 497). Ferner spielt bei diesen Marken eine intensive werbliche Unterstützung eine wichtige Rolle. Bruhn (2001, S.

12) sieht in den klassischen Herstellermarken marktführende Produkte einer Warengruppe mit einem hohen Anspruchsniveau und einem hohen Stammkäuferpotenzial. Als entsprechendes Beispiel aus der Henkell-Söhnlein Sektkellerei kann die Marke „Henkell Trocken" genannt werden (Pepels 1995, S. 184).

Die **Zweit- bzw. Dritthherstellermarken (B- und C-Marken)** sind im Vergleich zu den klassischen Herstellermarken einen durch einen geringeren Distributionsgrad sowie ein geringeres Preis- und Qualitätsniveau gekennzeichnet (Liebmann/Zentes 2001, S. 497). „Durch die geringe werbliche Unterstützung dieser Marken und die niedrigen Innovationszyklen sind die Zweit- bzw. Dritthherstellermarken weniger profiliert und stehen im direkten Wettbewerb mit den klassischen Handelsmarken" (Bruhn 2001, S. 12). So führt z.B. die Henkell-Söhnlein Sektkellerei in ihrem Markenportfolio neben der Erstmarke "Henkell Trocken" ebenso die Zweitmarke "Söhnlein Brillant" und die Drittmarke "Rüttgers Club" (Pepels 1995, S. 194f.).

Die **klassischen Handelsmarken** stehen in direkter Konkurrenz sowohl zu den A-Marken (Meffert 2000a, S. 872), aber besonders zu den B- und C-Marken im Sortiment (Bruhn 2001, S. 12). Dabei weisen sie eine mit den Herstellermarken vergleichbare Produktqualität auf, werden aber deutlich günstiger angeboten (Bruhn 2001, S. 12). „Bei der Konzeption klassischer Handelsmarken werden oft die kaufrelevanten Merkmale umsatzstarker Herstellermarken kopiert, um an deren Erfolg zu partizipieren" (Bruhn 2001, S. 12). Folglich werden sie auch als Gegen- oder Konkurrenzmarke bezeichnet (Kapferer 1992, S. 191). Meffert (2000, S. 872ff.) spricht in diesem Zusammenhang von „Äquivalenzmarken" und „Me-Too"-Marken. Bekannte Beispiele sind "Tandil" von Aldi oder "Salto" von der Rewe-Gruppe.

Die **Discount-Handelsmarken und die Gattungsmarken** stellen den letzten Bereich dar. Gattungsmarken werden in der Literatur oft auch als No-Names, namenlose Produkte, Weiße Ware, Generika oder Generics bezeichnet (Bruhn 2006, S. 635). Als sogenannte Basisprodukte (Mattmüller/Tunder 2004, S. 964) erfüllen sie jeweils nur die qualitativen Mindestanforderungen in ihrer Produktkategorie und besetzen das Preiseinstiegssegment einer Warengruppe (Meffert 2000a, S. 872). Die Marken „Tip" der Metro-Gruppe, „Ja!" der Rewe-Gruppe und „A&P" von Tengelmann sind einige der bekanntesten Gattungsmarken in der deutschen Handellandschaft. Discount-Handelsmarken unterscheiden sich von den Gattungsmarken lediglich darin, dass sie ausschließlich über Discounter (z.B. „Aldi", „Lidl") vertrieben werden (Nieschlag/Dichtl/Hörschgen 2002, S. 244).

Eine zusammenfassende Darstellung der Möglichkeiten einer Positionierung von Handelsmarken erfolgt in der nachfolgenden Tabelle.

Tab. 3: Positionierungsfelder für Handelsmarken

Erscheinungsform	Nutzen	Qualitätsstufe	Preissegment
Premium-Handelsmarke	• emotional • Genuss	Hoch bis Premium	Mittel- bis Hochpreis
Klassische Handelsmarke	• nutzenorientiert • Convenience	Normalqualität	Mittel- bis Niedrigpreis
Gattungsmarken	• Grundnahrung • Low Interest	Basisqualität	Preiseingangsstufe

Quelle: Dölle 2001, S. 139.

Mittels **Kompetenzbreite** (Markenausdehnung) legt man die Zahl der unter einer Marke angebotenen Produkte fest. Hierbei stehen verschiedene Strategieoptionen zur Verfügung: Einzelmarke, Sortiments-/Warengruppenmarke oder Dachmarke (Bruhn 2006, S. 642).

Bei den **Einzelmarken**, die in der Literatur auch als Artikel-, Mono- oder Individualmarke bezeichnet werden, wird jedes Produkt unter einem eigenen Namen angeboten (Berekoven 1992, S.137), wobei jeweils nur ein Marktsegment besetzt wird (Meffert 1994, S. 182). Beispiel hierfür ist die Marke "Tandil" von Aldi (Ahlert/Kenning/Schneider 2000, S. 51). „**Sortiments-/Warengruppenmarken** beziehen sich auf bestimmte Sortimentsgruppen oder auf Produktkategorien“ (Bruhn 2006, S. 642). Während Bruhn (2006, S. 642) diese zusammenfasst, gehen Ahlert/Kenning/Schneider (2000, S. 51) explizit auf die Unterscheidung dieser beiden Markenformen ein. Charakteristisch für die **Warengruppenmarke** ist, dass mit der Handelsmarke mehrere Artikel innerhalb einer Warengruppe gekennzeichnet werden. Als Beispiel nennen die Autoren die Metro-Handelsmarke „Faust“ und die Rewe-Handelsmarke „Today“. Im Unterschied zu Warengruppenmarke wird die **Sortimentsmarke** dadurch charakterisiert, dass unter der Handelsmarke mehrere Artikel aus verschiedenen Warengruppen geführt werden. Beispiele sind "A&P" von Tengelmann (Pepels 1995, S. 188) und "O´Lacy´s" der Metro-Gruppe (Bruhn 2001, S. 34). Im Extremfall können alle Warengruppen unter dieser Marke angeboten werden (Ahlert/Kenning/Schneider 2000, S. 51). In diesem Fall spricht Bruhn (2006, S. 642) von einer Dachmarke und führt die Marken „Ja!“, „Tip“ und „A&P“ als Beispiele auf.

Bei der Festlegung der **Kompetenztiefe** (Markenreichweite) lassen sich Handelsmarken nach der geographischen Reichweite ihres Absatzraumes in regionale, nationale und internationale Marken einteilen (Bruhn 2004a, S. 34f.; Becker 2004, S. 644). Handelsmarken mit lokaler bzw. regional begrenzter Bedeutung werden i.d.R. von kleinbetrieblichen oder mittelständigen Unternehmen wie bspw. Konserven- oder Brotbackindustrie angeboten (Bruhn 2006, S. 643). Von nationalen Marken spricht man bei einer Verbreitung innerhalb einer Staatsgrenze (Bruhn 2004a, S. 34). Mit zunehmender internationaler Ausrichtung von Handelsunternehmen (z.B. Metro, Carrefour, Wal-Mart) werden Handelsmarken auch über die Landesgrenzen hinaus vertrieben (Bruhn 2006, S. 643), weshalb diese als internationale Marken bezeichnet werden (Bruhn 2004a, S. 34). „Globale oder Weltmarken mit einer sehr hohen Wertschätzung und Verkehrsgeltung vergleichbar z.B. mit „Coca-Cola", „Pampers" und „Nescafé" sind unter den Handelsmarken noch nicht bekannt" (Peters 1998, S. 44).

Eine weitere strategische Option für Handelsmarken bildet die Wahl des **Markennamens**. Dabei kann zwischen zwei Ausprägungen differenziert werden: Firmenmarke und Phantasiemarke. „Während Firmenmarken einen Hinweis auf den Markeneigner enthalten und somit eine Übertragung des möglichen positiven Images eines Unternehmens auf den Markennamen erlaubt, wird bei der Phantasiemarke ein fiktiver Markenname gewählt; der Hinweis auf den Markeneigner steht nicht im Vordergrund" (Bruhn 2006, S. 643).

Die **Sortimentsbedeutung** von Handelsmarken reicht von Basis- bzw. Kernmarke hin zu Zusatz- bzw. Randmarken (Schenk 2004, S. 135). „Bei Basis- bzw. Kernmarken bildet ein bestimmtes Produkt den Mittelpunkt der markenpolitischen Gestaltung, während Zusatz- bzw. Randmarken der Unterstützung und Ergänzung der eigentlichen Kernmarke dienen" (Bruhn 2006, S. 643).

3. Funktionen und Ziele von Handelsmarken

3.1. Funktionen von Handelsmarken

3.1.1. Grundfunktionen von Marken

Im Rahmen der im Kapitel 2.2.3. festgelegten Arbeitsdefinition, werden Handelsmarken als Marken verstanden, die sich im rechtlichen Eigentum eines Handelsunternehmens befinden. Daher wird zunächst kurz auf die Grundfunktionen von Marken im Allgemeinen eingegangen. Die Funktionen der Marke (Markenware) sind aus Sicht des Gesetzgebers z.T. andere als sie in der Marketingliteratur diskutiert werden. Zu den durch Gesetz anerkannten Markenfunktionen zählen Unterscheidungs-, Herkunfts-, Qualitäts- und Werbefunktion (Sattler 2001, S. 47). In der betriebswirtschaftlichen Literatur sind verschiedene Funktionen zu finden. Es wird je nach Autor von drei oder vier Grundfunktionen gesprochen. Treis/Gripp (2001, S. 171) differenzieren die Unterscheidungs-, Herkunfts-, Werbe-, und Qualitätsfunktion, was der rechtlichen Definition entspricht. Liebmann/Zentes (2001, S. 498) sowie Schenk (2001, S. 83) unterscheiden drei Grundfunktionen einer Marke: Identifizierungs-, Herkunftsbestimmungs- und Unterstützungsfunktion. Die Identifizierungsfunktion dient zur Erleichterung der Wiedererkennbarkeit der Ware und zur Unterscheidung von anderen Waren. Die Herkunftsbestimmungsfunktion stellt eine „chiffrierte Visitenkarte für den Markeneigner“ (Schenk 2001, S. 83) dar. Die Unterstützungsfunktion bietet „Unterstützung im Hinblick auf andere absatzwirtschaftliche Aktivitäten, wie etwa bei der Werbe- oder Imagepolitik“ (Liebmann/Zentes 2001, S. 498). „Mit der zunehmenden Emanzipation der Handelsmarke – weg vom „Me-too“-Produkt hin zu einer originären strategischen Sortimentseinheit – ist eine stetiger Wandel der Funktionen von Handelsmarken innerhalb der verschiedenen Anspruchsgruppen zu beobachten“ (Bruhn 2001, S. 27).

3.1.2. Marktteilnehmerspezifische Funktionen von Handelsmarken

Neben den Grundfunktionen, welche jeder Markenartikel zu erfüllen hat, haben Handelsmarken für die marktspezifischen Teilnehmer z.T. unterschiedliche Funktionen. Eine Abgrenzung der Funktionen von Handelsmarken aus Sicht der Hersteller, des Handels und der Konsumenten wird in der folgenden Tabelle vorgenommen.

Tab. 4: Funktionen von Handelsmarken aus Hersteller-, Handels- und Konsumentensicht

Herstellersicht	Handelssicht	Konsumentensicht
• Abbau von Überkapazitäten durch zusätzliche Produktion von Handelsmarken • Möglicher Vertrieb über Discounter • Mögliche Mehrproduktstrategie • Risikoreduzierung • Erweiterung des Absatzpotenzials • Fixkostendegression • Realisierung von Erfahrungskurveneffekten • Verbesserung der Verhandlungsposition im Rahmen der Hersteller-Handel-Beziehung	• Dokumentation der preislichen Leistungsfähigkeit • Dokumentation eines eigenständigen Sortimentsprofils • Profilierung gegenüber den Wettbewerbern • Bildung eines Gegenpols zu anderen eigenen oder fremden Betriebstypen • Spannensicherung und Ertragssteigerungen • Solidarisierung im Handelsverbund • Möglichkeit der Entwicklung eigener innovativer Produkte • Schutz eigener Warenzeichen	• Erwerb von Produkten mit einem guten Preis-Leistungs-Verhältnis • Ergänzung der vorhandenen Auswahlmöglichkeiten und dadurch Steigerung des Einkaufserlebnisses • Vereinfachung der Geschäftsstättentreue • Möglichkeiten der Substitution von Markenartikeln • Möglichkeit günstiger Probierkäufe

Quelle: Bruhn 2001, S. 27.

Aus Sicht des Herstellers kann die Produktion von Handelsmarken die Funktion erfüllen, entstandene Überkapazitäten abzubauen (Bruhn 2001, S. 28). Gleichzeitig wird die Produktion von Handelsmarken dann zweckmäßig, wenn bei vorhandener Produktionskapazität eine Auslastung über Handelsmarken zu Fixkostendegression und zur Realisierung von Erfahrungskurveneffekten führt (Bruhn 2001, S. 27). Ferner können sich Kostenvorteile in der Rohstoffbeschaffung ergeben (o.V. 2000, S. 68). Ein weiteres Argument für die Produktion von Handelsmarken ist eine Verbesserung der Verhandlungsposition im Rahmen der Hersteller-Händler-Beziehung (Bruhn 2001, S. 27). Hieraus kann sich eine Listungserleichterung für die eigenen Marken oder Produkte ergeben (o.V. 2000, S. 68). Auch die Möglichkeit der Ergänzung des Unternehmensportfolios, nicht ausschließlich klassische Herstellermarken zu produzieren, und somit eine Erweiterung ihres Absatzpotentials zu realisieren sollte nicht außer Acht gelassen werden (Bruhn 2001, S. 27). Dies kann eine Risikoreduzierung zur Folge haben (o.V., 07/2000, S.68). Darüber hinaus entsteht für die Hersteller durch die Produktion von Handelsmarken die Möglichkeit, ihre Mehrproduktstrategien auszuweiten und bspw. die Discounter als zusätzliche Vertriebsschiene zu nutzen (Bruhn 2001, S. 28). Weiterhin kann eine

Auftragsübernahme zur Produktion von Handelsmarken für einen Hersteller von großer strategischer Bedeutung sein, wenn nämlich dadurch verhindert wird, dass ein Konkurrent diesen Auftrag erhalten hätte (Sandler 1994, S. 48).

Die wichtigsten Gründe für das Angebot von Handelsmarken aus der Perspektive der Handelsunternehmen sind zum Teil völlig andere Aspekte als bei den Herstellern. Handelsmarken erfüllen für die Handelsunternehmen eine Preis-Leistungs-Funktion. Durch Handelsmarken, die sich durch ein niedriges Preisniveau im Vergleich zu der entsprechenden Herstellermarke sowie den Handelsmarken der Konkurrenz gekennzeichnet sind, wird die preisliche Leistungsfähigkeit des Unternehmens dokumentiert (Liebmann/Zentes 2001, S. 498). Ferner erfüllen Handelsmarken eine Sortimentsleistungsfunktion, da diese nur im eigenen Unternehmen zu erwerben sind, und das Sortiment dadurch exklusiv gestaltet werden kann. Damit verbunden ist auch die Profilierungsfunktion (Schenk 2001, S. 83). Durch die Erzeugung eines eigenständigen Sortimentsprofils als Teilprofil des Unternehmensimages findet eine deutliche Differenzierung von der Konkurrenz statt. Ebenso findet eine Abgrenzung zu anderen eigenen oder fremden Betriebstypen statt, womit Handelsmarken auch eine Polarisierungsfunktion erfüllen (Bruhn 2001, S. 28). Weitere Funktionen sind die Spannensicherungs- und Ertragsverbesserungsfunktion, denn bei ihren Handelsmarken haben Unternehmen einen größeren Spielraum bei der Kalkulation (Liebmann/Zentes 2001, S. 498) und durch das Vermeiden von Preiskämpfen werden die eigenen Renditen erhöht (Bruhn 2001, S. 28). Die gewerbliche Schutzfunktion macht eine Inanspruchnahme des Warenzeichens durch Konkurrenz oder Nachahmer unmöglich. Eine weitere wichtige Funktion stellt die Innovationsfunktion dar. Durch Eigenmarken haben Handelsunternehmen die Möglichkeit, neue Produkte und neue Markenkonzepte zu entwickeln (Liebmann/Zentes 2001, S. 498). Für Esch (2005, S. 452) dienen die Handelsmarken darüber hinaus der Optimierung des Sortimentes, denn durch sie lassen sich Qualitäts- und Preislücken schließen sowie eine Sortimentsbereinigung durchführen, bei der schwache Herstellermarken ersetzt werden.

Aus Sicht der Konsumenten sieht Bruhn (2001, S. 27) weitere Funktionen für Handelsmarken. Hierzu zählen der Erwerb von Produkten mit einem gutem Preis-Leistungs-Verhältnis, die Ergänzung der vorhandenen Auswahlmöglichkeiten und dadurch eine Steigerung des Einkaufserlebnisses, die Vereinfachung von Einkaufsstättentreue, sowie die Möglichkeit der Substitution von Markenartikeln als auch die Möglichkeit preisgünstiger Probierkäufe. Es zeigt sich, dass Konsumenten von der verstärkten Einführung von Handelsmarken profitieren, da für sie die Möglichkeit entsteht, preisgünstige Produkte in guter Qualität zu erwerben (Bruhn 2001, S. 27). Darüber hinaus eröffnen sich dem Konsumenten durch die Möglichkeit, zwischen den Herstellermarken und den Handelsmarken zu entscheiden, neue Alternativen beim Einkauf.

Die marktteilnehmerspezifische Gegenüberstellung der Funktionen von Handelsmarken zeigt, dass der Handel im Rahmen eigener Markenpolitik unterschiedliche Ziele verfolgen kann (Mattmüller/Tunder 2004, S. 958). Mit dem Aufbau und der Pflege der durch den Einsatz von Handelsmarken verfolgten Ziele beschäftigt sich das nachfolgende Kapitel.

3.2. Ziele der Handelsmarkenpolitik

3.2.1. Allgemeine Ziele von Handelsmarken

Das Zielsystem eines Handelsunternehmens weist einen hierarchischen Charakter auf. Dabei operieren Handelsunternehmen sowohl auf übergeordneten Zielebenen, so z.B. auf Betriebstypenebene, als auch im Rahmen der Handelsmarkenpolitik mit einem System aus mehreren, gleichzeitig zu verfolgenden Zielen. Somit können die Ziele der Handelmarkenpolitik als Subziele eines Handelsunternehmens verstanden werden (Bruhn 2001, S. 29f.). Die nachfolgende Abbildung illustriert die Systematisierung der zentralen Ziele der Handelsmarkenpolitik sowie deren Einordnung in das Zielsystem eines Handelsunternehmens.

Abb. 5: Ziele der Handelsmarkenpolitik als integrativer Bestandteil des Zielsystems eines Handelsunternehmens

Ziel-Konkretisierung
Oberziele des Handelsunternehmens
Gesellschaftliche Ziele
Ertragsziele
Leistungsziele
Marktziele
Bereichsziele
Beschaffungs-politiche Ziele
Produktions-politiche Ziele
Marketingziele
Finanzierungsziele
Instrumentalziele
Kontrahierungs-politische Ziele
Kommunikations-politische Ziele
Sortiments-politische Ziele
Distributions-politische Ziele
Subziele
Ziele bei Herstellermarken
Ziele der Handelsmarkenpolitik
Renditesicherung
Differenzierung und Profilierung
Sortiments-optimierung
Markt-gleichgewicht
Organisations-anbindung
Mittel-Zweck-Beziehung

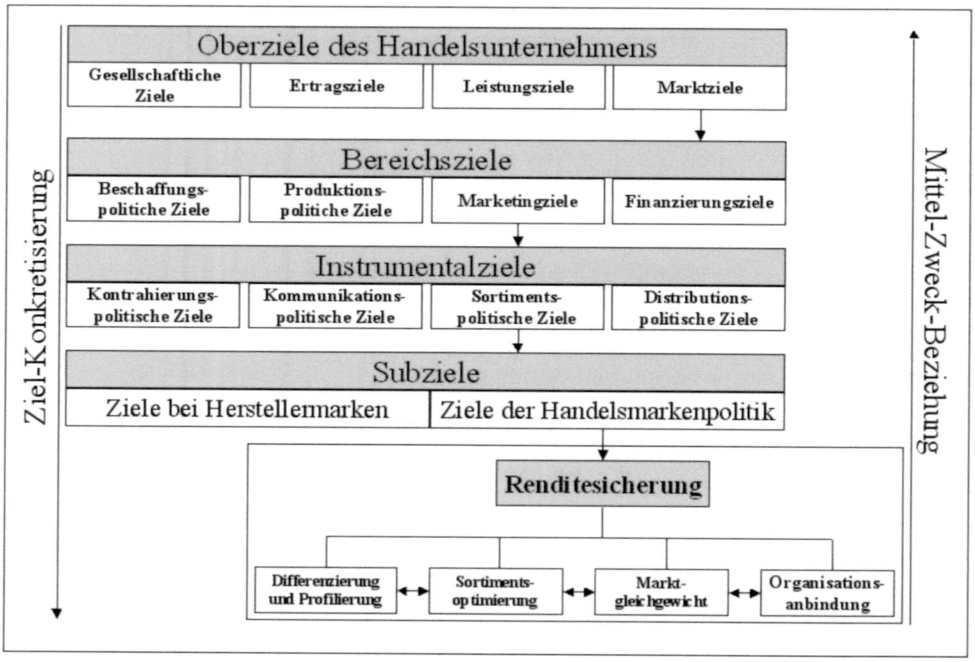

Quelle: Bruhn 2001, S. 30.

Nach Bruhn (2001, S. 29) verfolgen Handelsunternehmen mit der Handelsmarkenpolitik folgende Ziele: Renditesicherung, Differenzierung und Profilierung, Sortimentsoptimierung, Marktgleichgewicht und Organisationsbindung. Oberziel der Handelsmarkenpolitik ist die Verbesserung der Umsatzrenditen und die damit einhergehende Gewinnsteigerung (Jauschowetz 1995, S. 127f.). Die Differenzierung und Profilierung von konkurrierenden Handelsunternehmen bilden den zweiten Zielbereich der Handelsmarkenpolitik. „Da Handelsmarken nicht unmittelbar mit Konkurrenzmarken vergleichbar sind, können sie sowohl zum Aufbau eines positiven Images für das Handelsunternehmen als auch zur preislichen Differenzierung von konkurrierenden Handelsunternehmen genutzt werden, indem man den Kunden über Handelsmarken ein verbessertes Preis-Leistungsverhältnis anbietet. Somit kann man sich im Preisvergleich von der Konkurrenz abgrenzen. Sowohl durch den Aufbau eines Markenimages als auch durch das Angebot preisgünstiger Handelsmarken sollen neue Kunden gewonnen und vorhandene Kunden stärker an das Unternehmen gebunden werden, um dadurch die Einkaufsstättentreue zu erhöhen“ (Esch 2005, S. 452). Die Optimierung des Sortiments bildet einen weiteren Zielbereich der Handelsmarkenpolitik. Dabei beinhaltet die Sortimentsoptimierung die Subziele Sortimentsbereinigung und Sortimentsergänzung. Im Rahmen der Sortimentsergänzung wird durch den Einsatz von Handelsmarken die Schließung von Preis- bzw. Qualitätslücken anvisiert, um so die Attraktivität des Sortiments zu erhöhen. Ziel der Sortimentsbereinigung ist die Straffung des Sortiments durch das Ersetzen schwacher Zweit- und Drittherstellermarken durch Handelsmarken (Bruhn 2001, S. 31). Der vierte Zielbereich fokussiert die Verringerung der Abhängigkeit von starken Markenartikelherstellern wodurch das Marktgleichgewicht sicher gestellt werden soll (Bruhn 2001, S. 31). Durch den Einsatz von Handelsmarken besteht für den Handel bspw. die Möglichkeit, bei Konditionsverhandlungen überhöhte Preisforderungen der Herstellerunternehmen zu verhindern. Schließlich wird mit dem Einsatz von Handelsmarken das Ziel verfolgt, die Bindung von Verbundgruppen an die Zentrale zu stärken. Handelsmarken sollen als „organisatorisches Bindemittel zur Kräftigung des Zusammengehörigkeitsgefühls unter den Kooperationspartnern“ (Schenk 1997, S. 83) dienen.

Bei einer detaillierten Betrachtung von Handelsmarkenzielen können neben den bereits diskutierten zentralen Zielen weitere Kategorien herausgebildet werden, die in unternehmensinterne, kunden-, konkurrenz- und herstellerbezogenen Ziele unterteilt werden.

Tab. 5: Handelsmarkenziele

Zielkategorie	Zielinhalt
Unternehmensinterne Ziele	• Handelsspannen- und Rohertragsverbesserung • Sortimentsbereinigung • Sortimentsergänzung • Umsatzsteigerung • Verbesserung der kalkulatorischen Autonomie • Organisationsbindung
Kundenbezogene Ziele	• Betriebsstättenprofilierung • Erhöhung des Bekanntheitsgrades des Handelsbetriebes • Schaffung von Geschäftstreue und Kundenbindung • Anpassung an veränderte Kundenansprüche • Gewinnung neuer Kundenschichten
Konkurrenzbezogene Ziele	• Differenzierung der Sortimentsleistung gegenüber der Konkurrenz • Differenzierung der Preisleistung gegenüber der Konkurrenz • Abkopplung von Preisvergleich mit der Konkurrenz • Reaktion auf veränderte Wettbewerbsbedingungen
Herstellerbezogene Ziele	• Stärkung der Unabhängigkeit und Verhandlungsposition gegenüber Herstellerunternehmen • Reduzierung der Lieferantenvielfalt • Angebot einer Produktalternative zu Hersteller-Markenartikeln • Förderung des Wettbewerbs zwischen den Herstellern

Quelle: Dumke 1996, S. 96.

Die in der Tab. 5 dargestellten Ziele werden von fast allen Handelsunternehmen verfolgt, wenn auch mit unterschiedlicher Gewichtung (Liebmann/Zentes 2001, S. 498f.).

3.3.2. Ziele verschiedener Ausprägungen von Handelsmarken

In Abhängigkeit von der verfolgten Unternehmensphilosophie kann sich die Zielsetzung der Handelsmarkenpolitik stark unterscheiden (Liebmann/Zentes 2001, S. 498f.).

Mit **Gattungsmarken** verfolgen Handelsunternehmen das Ziel, die Preiswürdigkeit der Einkaufsstätte im Wettbewerb zu demonstrieren. Sie dienen zudem der Abrundung des Sortiments (Meffert 2000a, S. 872).

Klassische Handelsmarken, die als „Äquivalenzmarken" zu den Herstellermarken gesehen werden (Meffert 2000a, S. 872), dienen in erster Linie der Profilierung und Differenzierung von Sortimenten und sollen die Ertragslage des Handelsunternehmens verbessern (Möhlenbruch 2004, S. 1763). Da ihre Qualität nicht selten auf dem Niveau der Herstellermarken, das Preisniveau aber darunter liegt, bieten sie eine gute Möglichkeit zur Profilierung durch die Preispolitik.

Ziel der **Premium-Handelsmarken** ist es, durch einen vom Konsumenten wahrgenommenen wertsteigenden Grund- bzw. Zusatznutzen, Präferenzen zu schaffen, die über die Produktzufriedenheit zu einer Markentreue und damit einer Kundenbindung an die eigenen Geschäftsstätten führen (Bruhn 2001, S. 12). „Bei diesen eher emotional angereicherten Produkten ist der Innovationsgrad oftmals sehr hoch und der Preis tritt als entscheidendes Kaufkriterium in den Hintergrund" (Theis 2007, S. 331). Somit verschaffen sie dem Handel einen für die Renditesicherung erforderlichen preispolitischen Spielraum (Meffert 2000a, S. 874). Handelsunternehmen, die Premium-Handelsmarken anbieten, können sich gegenüber den Wettbewerbern profilieren, die nur ein standardisiertes Sortiment anbieten.

Bei der **Dachmarkenstrategie** besteht das Ziel darin, mittels Kompetenzübertragung, das Image, das sich ein Produkt beim Konsumenten erwerben konnte, auf neue Sortimentsbereiche auszudehnen (Becker 2005, S. 390ff.). Mit der **Einzelmarkenstrategie** wird das Ziel verfolgt, für jede Marke eine unverwechselbare Persönlichkeit aufzubauen, ohne mögliche Ausstrahlungseffekte auf andere Produkte beachten zu müssen (Becker 2005, S. 386ff.).

Ferner können nationale Besonderheiten hinsichtlich der Verfolgung einzelner Handelsmarkenziele identifiziert werden. Vanderhuck (2002a, S. 60) hat in diesem Zusammenhang eine europaweite Analyse durchgeführt und die jeweiligen Handelsmarkenziele bestimmten Ländern und Handelsunternehmen zugeordnet.

Tab. 6: Haupt- und Einzelstrategien nach Ländern und Handelsunternehmen

Hauptstrategien	Einzelstrategien	Typisch für folgende Länder	Typisch für folgende Händler
(A) Preiswettbe-werb	(1) Absatz vor Deckungsbetrag (3) Preisprofilierung (5) Positionierungsvariation (9) Polarisierung Marke (Preis) (10) Polarisierung Wettbewerber	Deutschland	In Deutschland: Discounter, Drogeriemärkte und Groß-flächen (Metro/Real; Rewe; Wal-Mart; Kaufland; Ten-gelmann); Kruidvat (NL)
(B) Kundenbindung	(2) Sortimentsdifferenzierung (3) Preisprofilierung (4) Innovation	Frankreich Großbritannien Deutschland	Drogeriemärkte in D und NL; Boots; Rewe; Edeka; Ikea; LEH in F und GB
(C) Ertragssteige-rung	(4) Innovation (5) Positionierungsvariation (6) Spanne / Ertrag (7) Unabhängigkeit	Großbritannien Schweiz Frankreich	Tesco; Sainsbury; franz LEH; Marks & Spencer; Ahold / Etos; Boots; Kauf- und Warenhäuser
(D) Qualitäts-Image	(1) Innovation (6) Spanne / Ertrag (9) Polarisierung Marke (Qualität)	Großbritannien Schweiz Niederlande	LEH in GB; Marks & Spencer; Ahold / Etos; Boots; Migros und Coop (CH)
(E) Distribution	(5) Positionierungsvariation (8) Soldarisierung (10) Polarisierung Wettbewerb	Italien Spanien	Rewe; Edeka; Markant (EU); Carrefour in ES und I

Quelle: Vanderhuck 2002a, S. 60.

Die in der obigen Tabelle dargestellten Einzelstrategien werden nachfolgend erläutert.

Tab. 7: Einzelstrategien von Handelsmarken in Europa

Strategien	Erläuterungen
(1) Absatz vor Deckungsbeitrag	Das Schwergewicht liegt auf der Maximierung der Absatzes, im Zweifel zu Lasten des Preises. Die Deckungsbeitragsmaximierung wird durch Mengenaus-weitung erzielt. Die Strategie geht von einem Spannenmix pro Einkaufsbon aus.
(2) Sortiments differenzierung	Der Schwerpunkt liegt auf einer für die Vertriebsschiene einzigartigen Produkt-vielfalt, die mit anderen Produktwelten nicht vergleichbar ist. Das wird entweder nur oder überwiegend mit Handelsmarken realisiert (Aldi; Migros) oder als Mix zwischen Industriemarkenartikeln und Handelsmarken.

(3) Preisprofilierung	Diese Strategie ist typisch für die Wettbewerbessituation bei Handelsmarken in Deutschland. Das Schwerpunkt liegt auf Preiskampf, begleitet von einer ständigen Beobachtung der Verkaufspreise und der schnellen Reaktion, Preissenkungen beim Wettbewerber nachzuvollziehen.
(4) Innovation	Hier steht das Bemühen im Vordergrund, Innovationen zu realisieren, entweder im Marketing-Bereich (z.B. Verpackung und Produktaufmachung, Deklaration und Wirkversprechen) oder auf technologischem Gebiet (Qualität, Wirkweise des Produktes, neue Wirkstoffe usw.)
(5) Polarisierungs-Variationen	Pro Warengruppe bilden Handelsmarken zwei oder mehr unterschiedliche Marketing- und Preispositionierungen, die in der Variation nach unten das Preiseinstiegssegment / Discountniveau und in der Variation nach oben den „Premiumbereich" abdeckt.
(6) Spannen / Ertrag	Diese Strategie soll den Ertrag durch eine überdurchschnittliche Spanne der Handelsmarken gegenüber dem Spannendurchschnitt des übrigen Sortiments steigern.
(7) Unabhängigkeit	Diese Strategie hat das Ziel, die Unabhängigkeit von Industriemarkenartikeln zu fördern. Dieses Ziel hat insbesondere in der Vergangenheit eine Rolle gespielt, um sich aus der Umklammerung der Industriemarkenanbieter zu befreien. Typische Beispiele: Migros (CH) und Aldi (D).
(8) Solidarisierung	Für genossenschaftlich orientierte oder sonstige mehrstufige Handelsunternehmen sollen Handelsmarken die (meist unabhängigen) Mitglieder fördern und die Zentralstrategie erfolgreicher durchsetzen (Edeka).
(9) Polarisierung Marke	Die Etablierung eines Gegengewichts zu den Marktführern der Industriemarkenartikel, um in der Polarität auf die eigene Leistungsfähigkeit hinzuweisen und den Windschatteneffekt der führenden Industriemarke auszunutzen (Cola-Markt).
(10) Polarisierung Wettbewerb	Das Schwergewicht dieser Strategie liegt auf der Betonung der Abgrenzung zu einem oder einer überschaubaren Anzahl von Wettbewerbern. (Beispiele: Migros und Coop, CH bzw. Aldi und Lidl, D).

Quelle: Vanderhuck 2002a, S. 60.

4. Historische Entwicklung und aktueller Stand von Handelsmarken

4.1. Historische Entwicklung von Handelsmarken

Die geschichtliche Entwicklung der Handelsmarken lässt sich bis in das Frühe Mittelalter zurück verfolgen. Bereits in der Zeit vom 13. bis zum Beginn des 16. Jahrhunderts hatten sie eine erste Blütezeit. „Hervorgegangen sind sie aus den sogenannten Haus- und Hofmarken, den Signierungen der beweglichen und unbeweglichen Habe sowie der Gerätschaften der frühmittelalterlichen Stattbevölkerung, der Patrizier, der Adeligen, der Geistlichen, der Gelehrten und der Künstler bzw. der Landbevölkerung (Schenk 2004, S. 122).

In der Folgezeit sind konkrete Beispiele vor allem in den Produktkategorien Tee und Kaffee vorzufinden (Dumke 1996, S. 33). In England wurde bspw. bereits 1662 für eine Teehandelsmarke in Zeitungen geworben. Ebenso nutzte „The Great Atlantic & Pacific Tea Company“ ab 1869 Zeitungsannoncen in der überregionalen Presse, um für die eigene Teehandelsmarke und ab 1878 für die eigene Kaffeehandelsmarke zu werben (Schott 1974, S. 6f.).

Betrachtet man wie Dumke (1996, S. 33) das moderne Markenwesen als Folgeerscheinung der Industrialisierung, so repräsentierten die Herstellermarken die historisch bedeutendste Markenform des Konsumgütermarktes bis Anfang des 20. Jahrhunderts (Schott 1974, S. 7). Als Reaktion auf „den Siegeszug des Markenartikels“ etablierten sich in den 30er Jahren des 20. Jahrhunderts (erneut) zahlreiche Handelsmarken auf dem Markt (Schenk 2004, S. 122). So brachte z.B. „Edeka“ bereits Anfang der 30er Jahre erste Handelsmarken auf den Markt. Diese Entwicklung wurde allerdings mit dem Zweiten Weltkrieg unterbrochen (Oehme 2001a, S. 36). Erneut an Bedeutung gewannen die Handelsmarken in den 70er Jahren und wurden als „strategisches Profilierungsinstrument von großen Filial-, Waren- und Versandhandelsunternehmen sowie von Verbundgruppen des Handels“ (Schenk 2001, S. 74) positioniert. Im Jahr 1976 führte das französische Handelsunternehmen „Carrefour“ mit sog. „Produits Libres“ erstmals Gattungsmarken ein (Breton 2004, S. 20). Viele Handelsunternehmen in der ganzen Welt orientierten sich an diesem Beispiel und nahmen ebenfalls Gattungsmarken in ihr Sortiment auf. Im Oktober 1978 kam der "Deutsche Supermarkt" als erstes deutsches Handelsunternehmen mit zehn No-Name-Artikeln auf den Markt und erzielte nach eigener Angabe ebenso große öffentliche Resonanz wie das Vorbild in Frankreich (Berekoven 1986, S. 119). Bis Mitte der 80er Jahre hatten die Handelsmarken einen festen Platz in den Regalen des Handels und stellten eine echte Bedrohung für Marken kleinerer oder mittelständischer Hersteller dar. Sie nahmen eine positive Entwicklung und erreichten 1985 einen ersten Höhepunkt, indem sie in diesem Jahr ihr Umsatzvolumen um 20 % gegenüber 1980 steigern konnten (Kornobis 1993, S. 527). In der zweiten Hälfte der 80er Jahre ging die Entwicklung der

Handelsmarken zurück und rutschte im Jahr 1991 sogar unter das Niveau von 1980. Allerdings war ein weiterer wesentlicher Anstieg im Jahr 1994 zu beobachten, weswegen Kornobis (1997, S. 239) von einer „Renaissance der Handelsmarke“ spricht. Diese positive Entwicklung wurde u.a. durch „die Öffnung der neuen Ostmärkte, die schwache konjunkturelle Gesamtsituation sowie durch die zweite Großoffensive des Lebensmittelhandels mit Eigenmarken in gehobener Qualität und verbesserter Aufmachung“ begünstigt (Schenk 2004, S. 122). Seit 1995 zeichnen sich die Handelsmarkenanteile durch positive Zuwächse aus.

4.2. Entwicklungsphasen der Handelsmarken

Die Entwicklung der Handelsmarken im 20. Jahrhundert lässt sich in mehrere Phasen einteilen. Jede dieser Entwicklungsphasen wird durch wichtige Veränderungen des Handelsmarkencharakters gekennzeichnet. Im Zeitverlauf hat sich sowohl das Qualitäts- und Technologieniveau als auch das schwerpunktmäßige betroffene Produktfeld verändert (Meffert 2000a, S. 869).

Hinsichtlich der Anzahl der Entwicklungsphasen, die ebenfalls als Generationen der Handelsmarken bezeichnet werden, existieren in der einschlägigen Literatur unterschiedliche Auffassungen. Ahlert/Kenning/Schneider (2000, S. 33) unterscheiden drei Generationen der Handelsmarkenentwicklung, die No-Names, die klassischen Handelsmarken und die Premium-Handelsmarken. Da diese Einteilung im wesentlichen den bereits im Kapitel 2.3. dargestellten Strategieoptionen von Handelsmarken hinsichtlich der Kompetenzhöhe entspricht, wird ihnen an dieser Stelle keine detaillierte Bedeutung gegeben.

Dumke (1996, S. 34f.) und Siemer (1999, S. 75ff.) identifizieren in diesem Zusammenhang fünf Generationen. Ihrer Ansicht nach setzte die erste Phase der Handelsmarkenentwicklung bereits nach 1950 an und stellte primär eine „Reaktion auf die Bevormundung durch die Hersteller“ (Siemer 1999, 77) dar. Diese resultierte „zum einen aus der vertikalen Preisbindung zahlreicher Artikel, zum anderen aus der Nichtbelieferung bestimmter Handelsunternehmen durch die Hersteller sowie dem Versuch der Hersteller, ganze Markenfamilien in das Handelssortiment zu placieren“ (Siemer 1999, S. 77). Auch diese Einteilung ist für die vorliegende Arbeit nicht relevant.

Die Boston Consulting Group hat Anfang der 90er Jahre vier Generationen von Handelsmarken unterschieden. Dabei beziehen sich die erste und zum Teil die zweite Generation auf die Anfänge der Handelsmarken in den 60er und 70er Jahren, während für die 90er Jahre eine Entwicklung hin zur dritten und vierten Generation prognostiziert wurde. Diese Einteilung findet man u.a. in den Publikationen von Bruhn (2004b, S. 432), Dölle (2001, S. 135), Jauschowetz (1995, S. 129), Koppe (2003, S. 56), Kornobis (1997, S. 246), Liebmann/Zentes (2001, S. 503), Meffert (2000a, S. 870), Sattler (2001, S. 41) und Zentes/Swoboda (2001, S. 198). Im Folgenden werden die Entwicklungsstufen der Handelsmarkenentwicklung in Anlehnung an die vielzitierte vierstufige Einteilung vorgenommen.

Tab. 8: Evolution der Handelsmarken

Generation / Merkmal	Erste Generation	Zweite Generation	Dritte Generation	Vierte Generation
Marke	No-name	„Quasimarke"	Dachmarke des Handels	Segmentierte Handelsmarken „Gestaltmarken"
Produkte	Basislebensmittel	Großvolumige Einzelartikel	Große Kategorie	Imagebildende Produkte
Technologie	Basistechnologie mit niedrigen Barrieren	Eine Generation im Rückstand gegenüber Markenführer	Näher an Marktführer	Innovativ
Qualität / Image	Geringer als beim Hersteller-Markenprodukt	Mittel, aber als geringer wahrgenommen	Wie führende Marken, Qualitätsgarantie des Herstellers	Besser / genauso gut wie führende Marke, Imageaura des Handels
Kaufmotivation	Preis	Preis	Produktqualität/ Preis	Besseres Produkt
Hersteller	National, meist nicht spezialisiert	National, z.T. auf Handelsmarken spezialisiert	National, meist auf Handelsmarken spezialisiert	International, meist auf Handelsmarken spezialisiert

Quelle: A.C. Nielsen zitiert nach Kornobis 1997, S. 246.

Die **erste Generation** der Handelsmarken wurde in Form von No-Names positioniert, um der rasanten und ungebremsten Entwicklung von Discountern entgegenzuwirken (Dölle 2001, S. 134). Es handelte sich um reine Basislebensmittel von niedrigem Preis und geringerer Qualität, deren einziger Kaufgrund der Preis war (Kornobis 1997, S. 245).

Gleichzeitig entwickelte sich die **zweite Generation**, die sog. Quasimarken (Kornobis 1997, S. 245). Diese markenvergleichbaren Einzelartikel zeichneten sich durch ein geringeres Produktimage als die Markenartikel der Hersteller aus und waren durch eine Discountpreispositionierung charakterisiert (Dölle 2001, S. 134). "Auch hier ist die einzige Kaufmotivation der Preis" (Kornobis 1997, S. 245).

Als **dritte Generation** sieht man Dach- und Einzelmarken, die den Marktführer mit einer markenadäquaten Qualität, jedoch einem geringeren Preis kopieren (Dölle 2001, S. 135). Bei ihnen ist nach Kornobis (1997, S. 246) die Kaufmotivation am ehesten in einem attraktiven Preis-Leistungs-Verhältnis zu sehen.

„Handelsmarken der **vierten Generation** bzw. Premium-Handelsmarken sind echte Gestaltmarken, kombiniert mit Handelsmarkenelementen" (Kornobis 1997, S. 246). Es sind innovative, imagebildende Produkte, die vom Qualitätsniveau her mindestens ebenso gut sind wie die Markenartikel und die von diesen äußerlich praktisch nicht mehr zu unterscheiden sind (Kornobis 1997, S. 246). Der Preis als Kaufkriterium tritt bei diesen Marken in den Hintergrund (Dölle 2001, S. 135).

Die Abfolge der hier genannten Entwicklungsstufen ergibt sich aus dem Zeitpunkt, an dem die jeweilige Handelmarkengeneration erstmalig am Markt auftrat. Dies impliziert nicht, dass eine der nachfolgenden Stufe die jeweils vorangehende Stufe verdrängt (Dumke 1996, S. 34). Ferner sei darauf hingewiesen, dass die geschilderten Phasen insbesondere für den deutschen Markt repräsentativ sind. Vergleicht man die geschichtliche Entwicklung der Handelsmarken in Deutschland mit dem europäischen Ausland, so zeigen sich teilweise erhebliche Unterschiede.

„Historisch betrachtet, entstammen [in Deutschland] Handelsmarken aus der Sparte der Discounter" (Bruhn 2006, S. 638). Als Reaktion auf die steigende Bedeutung der Discounter hat der klassische LEH als Antwort auf den zunehmenden horizontalen Wettbewerb Gattungsmarken eingeführt. Hiermit wurde das Ziel verfolgt, den Konsumenten durch das Angebot preisgünstiger Produkte in den Bereichen Grundnahrungsmittel und „Low interest-Produkte" eine Alternative gegenüber den Discountern zu bieten (Bruhn 2001, S. 13f.).

Anders stellt sich die Entwicklung der Handelsmarken in der Schweiz dar. Hier wird seit Jahrzehnten eine traditionell erfolgreiche Handelsmarkenpolitik von „Migros" und „Coop„ betrieben. „Im Gegensatz zum deutschen Markt, in dem die Handelsmarken auf Betrieben der Discounter beruhen" ist der Markt in der Schweiz ein „klassischer Handelsmarkenmarkt" (Bruhn 2006, S. 640). Die Premium-Handelsmarken, die in Deutschland eine recht junge Erscheinung darstellen, existieren in der Schweiz bereits seit Jahren (Vanderhuck 2002a, S. 60).

Eine ähnliche Handelsmarkenentwicklung zeichnet sich in Großbritannien aus. „Die britischen Einzelhandelsunternehmen bieten schon seit längerem qualitativ hochwertige und somit hochpreisige Eigenmarken an, die den Herstellermarken in nichts nachstehen" (Hamann/Niehius/Braun 2001, S. 988).
Die hier skizzierten Differenzen hinsichtlich der historischen Entwicklung von Handelsmarken verursachen auch die Unterschiede des aktuellen Standes.

4.3. Aktueller Stand von Handelsmarken in Europa

Handelsmarken haben innerhalb Europas in den letzten Jahren deutlich an Bedeutung gewonnen und sind vor allem in „höher" entwickelten Ländern erfolgreich (Otto 2000, S. 64). Dies wird durch den Vergleich der Handelsmarkenanteile hinsichtlich Wert und Menge aus den Jahren 1998 und 2005 verdeutlicht.

Abb. 6: Handelsmarken in Europa 1998 und 2005: Anteil Menge

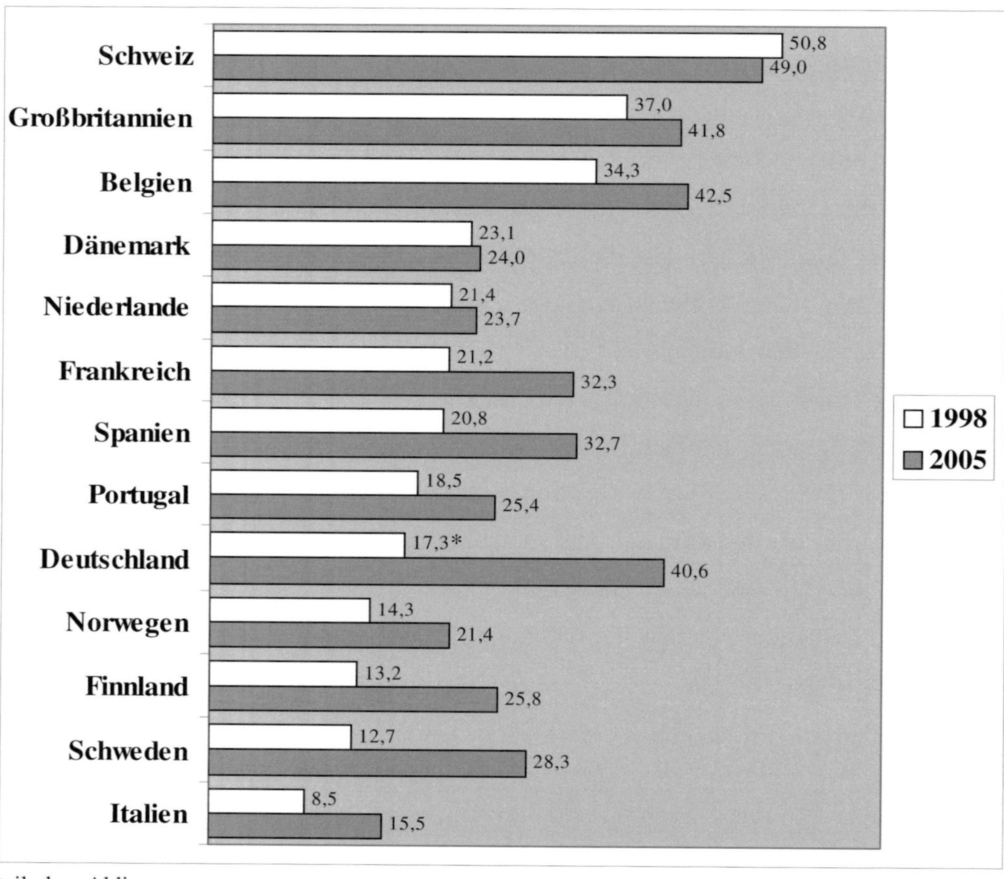

*Anteil ohne Aldi

Quelle: in Anlehnung an A.C. Nielsen, zitiert nach Otto 2000, S. 64; PLMA Internationales Jahrbuch 2006 / A.C. Nielsen, zitiert in LP International 2006a, S. 10.

Abb. 7: Handelsmarken in Europa 1998 und 2005: Anteil Wert

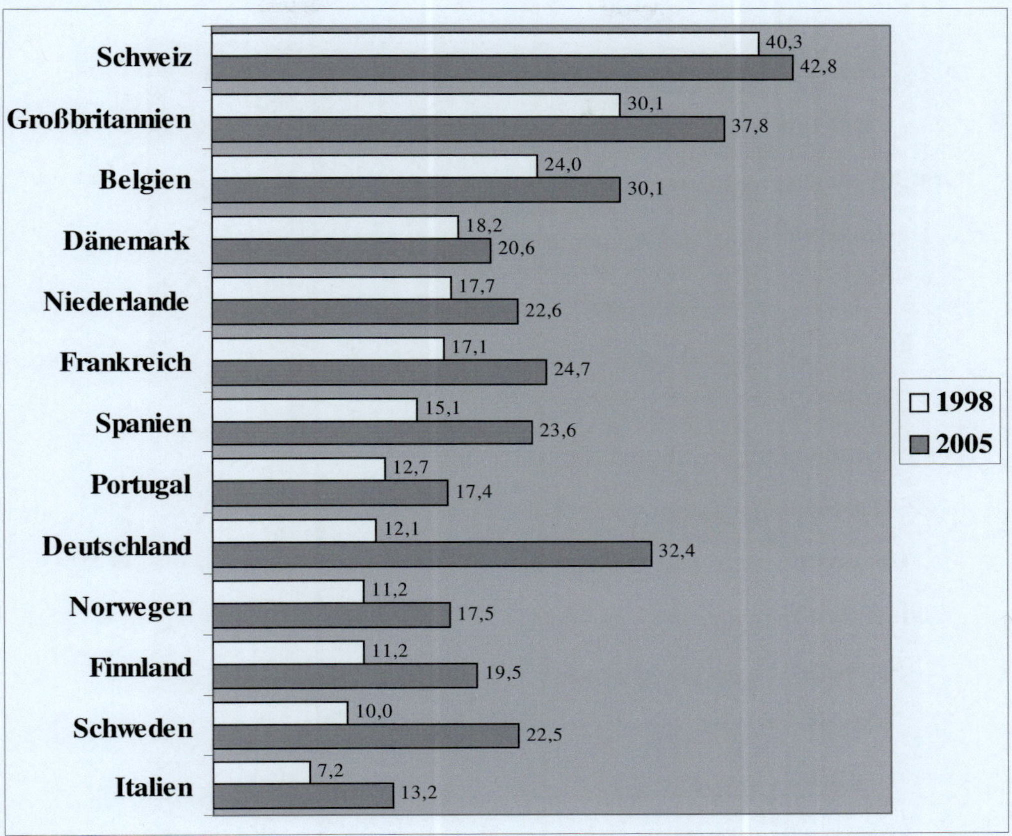

Quelle: in Anlehnung an A.C. Nielsen, zitiert nach Otto 2000, S. 64; PLMA Internationales Jahrbuch 2006 / A.C. Nielsen, zitiert in LP International 2006a, S. 10.

Die beiden Grafiken lassen gleichzeitig Unterschiede hinsichtlich der Marktdurchdringung von Handelsmarken in verschiedene europäische Ländermärkte erkennen. Die nachfolgende Abbildung zeigt zusammenfassend die Handelsmarkenanteile (Wert und Menge) für das Jahr 2005.

Abb. 8: Handelsmarkenanteile (Wert und Menge) 2005

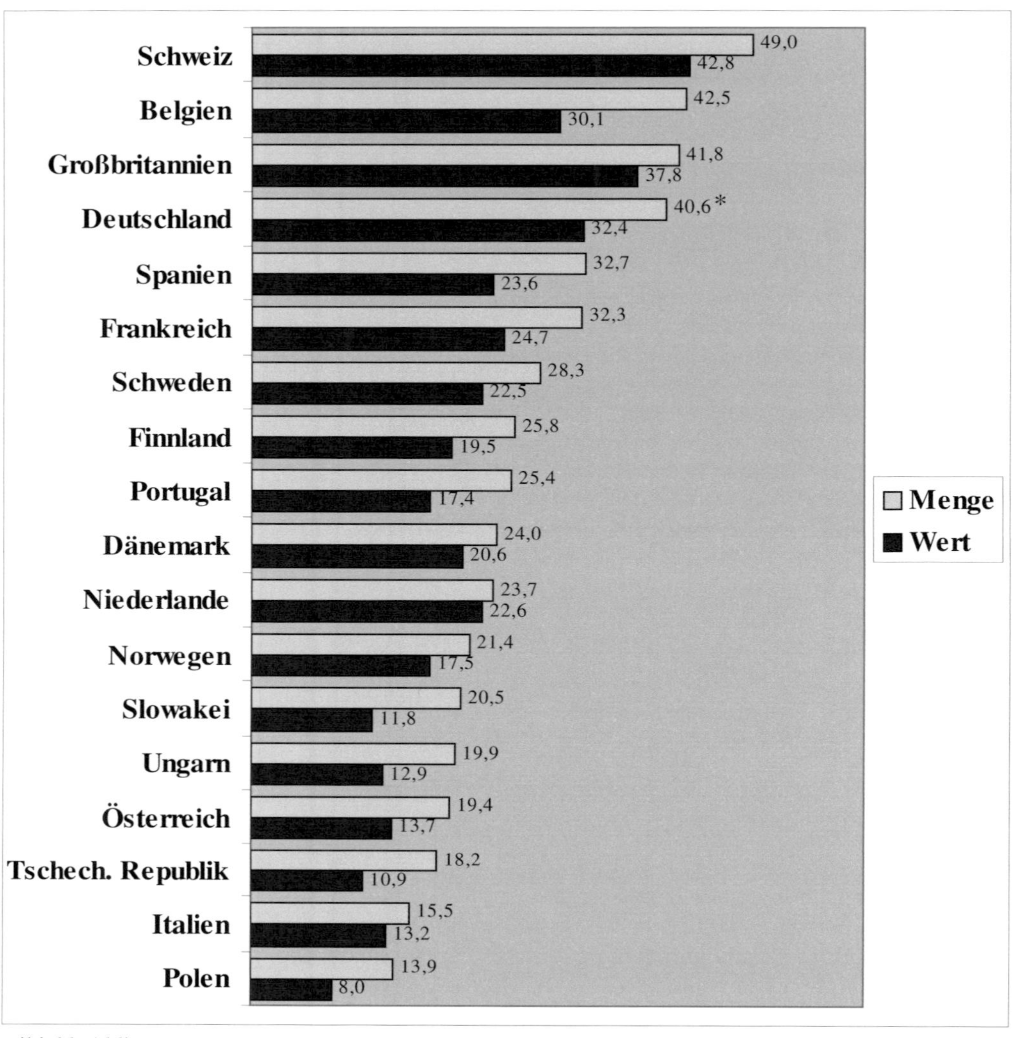

*Anteil inkl. Aldi

Quelle: PLMA Internationales Jahrbuch 2006 / A.C. Nielsen, zitiert in LP International 2006a, S. 10.

Nach den jüngsten Erhebungen, die PLMA turnusmäßig mit ACNielsen durchführen lässt, beträgt der Handelsmarkenanteil (Menge) in vier europäischen Ländern – in der Schweiz, Belgien, Großbritannien und Deutschland (inkl. Aldi) – nun über 40 % (LP International 2006a, S. 10). Ein besonders signifikantes Wachstum ist in den aufstrebenden Märkten Mittel-Osteuropas zu beobachten. Dies liegt darin begründet, dass dort v.a. die westlichen Handelsunternehmen die Märkte beherrschen. Infolge dessen resultieren bei einem deutlich unter dem Niveau Westeuropas liegenden Handelsmarkenanteils überdurchschnittliche Zuwachsraten (LP International 2006a, S. 11).

Trotz der Tatsache, dass die jüngsten Untersuchungen von PLMA und A.C. Nielsen in 17 von 18 analysierten Ländern eine Erhöhung des Handelsmarkenanteils konstatieren, konnte in den letzten Jahren beobachtet werden, dass es in einigen Ländern offenbar „Sättigungsgrenzen für die weitere Entwicklung von [Handels]marken, zu geben scheint" (LP International 2006a, S. 12). Hierzu zählen die Schweiz und Großbritannien, die mit ihren hohen Handelsmarkenanteilen (Menge) von 49,0 % bzw. 41,8 % jeweils als „Eldorado der Handelsmarken" (LP International 2002a, S. 3) bezeichnet werden. Wie in der folgenden Grafik ersichtlich ist, schwanken die Werte der Handelsmarkenanteile in Großbritannien zwischen 43,1 % und 41,8 % in den Jahren 2000-2005.

Abb. 9: Handelsmarkenanteile (Menge) Großbritannien 2000-2005

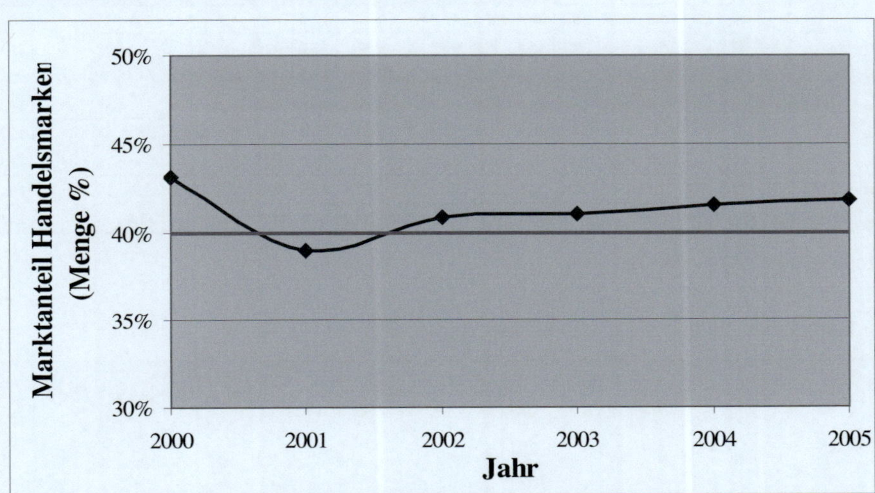

Quelle: in Anlehnung an Taylor Nelson Sofres / Mark Up, zitiert in LP International 2002a, S. 3; PLMA, zitiert in LP International 2004b, S. 6; LP International 2005a, S. 14, LP International 2006a, S. 10.

„Offenbar stellen die 40 Prozent eine Art magische Grenze dar" (LP International 2003, S. 11). Wird ein Wert von 40 % überschritten, so zeichnen sich leichte Abschwächungstendenzen bei den Zuwachsraten bzw. gar leicht rückläufige Entwicklungen der Handelsmarkenanteile ab (LP International 2002a, S. 3). Dasselbe Phänomen scheint auch in der Schweiz aufzutreten, womit sich ein leichter Rückgang der Handelsmarkenanteile (Menge) von 50,8 % im Jahr 1998 auf 49,0 % in 2005 (vgl. Abb. 7) erklären lässt.

Die geschilderten Sättigungstendenzen bedeuten nicht, dass es bezüglich der Handelsmarken keine Entwicklungen mehr stattfinden. So gab es in Großbritannien im zurückliegenden Jahr erhebliche Steigerungen innerhalb einiger Sortimente. Hierzu gehören Frischwaren und auch neue Sortimente, „die bisher den klassischen Herstellermarken vorbehalten waren" (Bruhn 2001, S. 5), so z.B. Mobiltelefone (LP International 2006a, S. 12).

Einen Überblick über die Handelsmarkenpenetration in einzelne Sortimente zeigen die beiden folgenden Abbildungen.

Abb. 10: Marktanteil der Handelsmarken 2005 nach Sortiment (Menge %)

Land / Produktgruppe	Großbritannien	Frankreich	Deutschland	Belgien	Niederlande	Spanien	Portugal	Italien	Österreich	Schweiz	Dänemark	Schweden	Norwegen	Finnland	Polen	Ungarn	Tschech. Rep.	Slowakei
	Marktanteil der Handelsmarken (Menge in %)																	
Molkereiprodukte	64,3	---	51,2	51,2	28,4	32,3	23,9	---	23,6	---	---	6,3	2,7	6,5		---		
Tiefkühlprodukte	48,5	49,9	50,9	62,9	26,6	62,1	29,5	25,0	19,1	70,3	35,2	28,3	21,9	32,5		32,5		
Frischwaren	---	40,4	---	---	---	---	---	---	---	72,1	26,2	23,1	25,3	8,5		18,9		
Feinkostprodukte	79,7	40,7	---	---	34,5	28,3	---	20,4	---	---	---	---	---	---		---		
Trockennahrungsmittel	43,7	38,6	48,3	48,6	21,6	42,6	25,5	13,9	18,8	51,0	26,0	27,4	17,8	28,7	9,0	24,0	12,6	17,2
Süßwaren	22,3	17,7	35,4	29,6	16,3	19,9	---	---	10,6	---	4,9	9,3	1,4	10,5		18,6		
Heißgetränke	25,4	---	39,1	46,8	30,9	30,7		---	12,7	---	---					11,6		
Alkoholfreie Getränke	48,3	23,6	34,6	40,7	15,4	19,8	14,3	13,8	17,3	48,3	22,5	19,2	14,4	9,3		26,5		
Alkoholische Getränke	26,8	22,3	23,6	24,5	13,3	22,5		3,0	6,0	22,3	21,3					14,1		
Haushaltsprodukte	39,4	27,7	43,8	40,0	22,4	37,7	27,6	20,0	23,0	46,4	26,4	43,6	29,7	28,7		12,6		
Papierwaren	53,0	49,2	68,1	59,6	33,1	54,7	22,5	---	39,3	55,9	46,4	---	---	---	13,5	41,9	18,8	20,4
Gesundheit und Schönheit	22,3	13,8	23,6	26,8	11,2	22,2	13,7	10,8	15,9	35,4	9,6	14,1	5,3	19,1		16,3		
Haustiernahrung und -pflege	29,0	---	60,9	53,7	30,7	43,8	41,5	29,5	36,3	48,7	44,4	---	23,8	---		50,8		

Quelle: LP International 2006a, S. 11.

Abb. 11: Marktanteil der Handelsmarken 2005 nach Sortiment (Wert %)

Land / Produktgruppe	Großbritannien	Frankreich	Deutschland	Belgien	Niederlande	Spanien	Portugal	Italien	Österreich	Schweiz	Dänemark	Schweden	Norwegen	Finnland	Polen	Ungarn	Tschech. Rep.	Slowakei
	Marktanteil der Handelsmarken (Wert in %)																	
Molkereiprodukte	60,3	---	43,6	40,4	25,8	22,7	16,9	---	20,0	---	---	4,9	3,0	5,0		---		
Tiefkühlprodukte	45,5	41,0	40,5	49,8	22,4	47,1	24,8	21,4	12,6	62,3	29,8	22,5	20,4	25,2		22,0		
Frischwaren	---	34,4	---	---	---	---	---	---	---	68,6	24,9	21,0	18,1	7,8		15,0		
Feinkostprodukte	80,9	36,5	---	---	40,6	24,5	---	18,4	---	---	---	---	---	---		---		
Trockennahrungsmittel	32,2	28,3	39,0	34,9	20,5	33,9	18,2	11,5	14,0	44,1	19,1	20,5	14,4	22,1	5,0	16,8	8,0	9,5
Süßwaren	18,8	17,6	31,3	19,8	16,4	12,7	---	---	6,5	---	5,2	5,3	1,7	6,8		11,0		
Heißgetränke	20,0	---	29,8	34,3	25,2	21,4		---	8,2	---	---					6,6		
Alkoholfreie Getränke	33,9	17,9	27,5	26,9	14,4	12,1	8,8	11,0	11,4	38,1	15,7	13,6	12,0	6,4		15,7		
Alkoholische Getränke	26,6	17,9	20,1	17,7	11,7	12,9		2,3	4,2	13,0	18,4					10,4		
Haushaltsprodukte	29,2	20,2	31,5	20,8	18,3	26,0	16,9	16,9	14,8	39,2	22,3	36,8	19,2	21,7		6,7		
Papierwaren	44,1	43,3	58,3	45,3	32,2	53,5	19,4	---	28,5	47,6	40,8	---	---	---	7,1	30,9	9,6	12,8
Gesundheit und Schönheit	13,9	7,0	11,1	10,5	5,3	10,8	5,4	8,5	7,9	27,3	6,7	8,5	3,4	12,1		8,4		
Haustiernahrung und -pflege	22,0	---	50,0	36,4	24,4	32,6	30,2	22,1	29,0	70,3	28,2	---	17,1	---		38,1		

Quelle: LP International 2006a, S. 11.

Aus den Abb. 10 und 11 geht hervor, dass es Produktkategorien gibt, in denen Handelsmarken „eine inzwischen dominierende Rolle eingenommen haben“ (LP International 2006a, S. 12). Hierzu gehören Papierprodukte, deren mengenmäßiger Handelsmarkenanteil in fünf der analysierten Länder bei mindestens 50 % liegt. „Ähnlich verhält es sich bei TK-Produkten. In fünf der untersuchten Länder beherrschen [Handels]marken die Mehrheit des Marktes (LP International 2006a, S. 12).

Die dargestellte positive Entwicklung der Handelsmarken deuten darauf hin, dass deren Erfolg von einer Reihe unterschiedlicher Einflussfaktoren abhängt.

5. Einflussfaktoren auf die Entwicklung von Handelsmarken

5.1. Allgemeine Erklärungsansätze zur Entwicklung von Handelsmarken

In der einschlägigen Literatur existieren verschiedene Erklärungsansätze, die sich mit den Ursachen der positiven Entwicklung von Handelsmarken beschäftigen.

Tab. 9: Erklärungsansätze zum Handelsmarkenwachstum

Bezeichnung	Hypothese	Vertreter
Konjunkturbezogener Ansatz	Der Marktanteil der Handelsmarken hängt von der konjunkturellen Lage ab.	Konorbis (1997, S. 239); Reidel (1998)
Verbraucherbezogener Ansatz	Der Marktanteil der Handelsmarken hängt von Veränderungen im Verbraucherverhalten ab.	Michael (1994, o.S.); Zellekens/Horbert (1998, S. 3); Zellekens/Horbert (1996): S. 26f.
Wettbewerbsbezogener Ansatz	Der Marktanteil der Handelsmarken hängt vom Verhalten der Marktteilnehmer ab, insbesondere der Händler ab.	Meffert/Burmann (1997, S. 53); Dumke (1996, S. 48)

Quelle: Ahlert/Kenning/Schneider 2001, S. 246.

Oft wird der Erfolg der Handelsmarken durch die schlechte wirtschaftliche Konjunktur begründet und als ein Phänomen dargestellt, das primär in Rezessionen in Erscheinung tritt (Eisenmann 1997, S. 219). Die mit der Rezession einhergehende Preissensibilität der Verbraucher wird somit oft als expliziter Erfolgsfaktor der Handelsmarken genannt (Müller-Hagedorn 2001, S. 105). Die Preissensibilität der Konsumenten „kommt dadurch zum Ausdruck, dass der Preis eines Produktes bei der Kaufentscheidung eine zunehmend wichtigere Rolle spielt und die Konsumenten allgemein preisbewusster einkaufen" (Bruhn 2001, S. 25f.). Diesen **konjunkturbezogenen Ansatz** widerlegen Ahlert/Kenning/Schneider (2001, S. 247ff.) durch zwei Argumente. Erstens dürften nur die Gattungsmarken durch ihren Preisvorsprung Marktanteile während der Rezession gewinnen und nicht die Handelsmarken allgemein, was im besonderen die Premium-Handelsmarken nicht berücksichtigt, bei denen der Preis nicht im Vordergrund einer Kaufentscheidung steht (Ahlert/Kenning/Schneider 2000, S. 38). Zweitens müssten Handelsmarken in jenen Warengruppen hohe Marktanteile aufweisen, in denen ein hoher Preisabstand zu Herstellermarken gegeben ist. „Erstaunlicherweise ist aber genau das Gegenteil der Fall" (Ahlert/Kenning/Schneider 2001, S. 248). So stellt Kornobis (1997, S.

253f.) bei einem Vergleich des Marktanteils der Handelsmarken aus dem Food-Bereich (17 Produkte) sowie aus dem Non-Food-Bereich (13 Produkte) mit der jeweiligen Preisdifferenz zur führenden Herstellermarke in Deutschland fest, dass der zunächst naheliegende Zusammenhang zwischen einem hohen Preisabstand der Handelsmarke zur Herstellermarke und einem hohen Marktanteil der Handelsmarken nicht bestätigt werden kann. Ebenfalls konstatiert A.C. Nielsen GmbH in ihrer jüngst publizierten Studie „The power of private label 2005“ in deren Rahmen 38 Länder und 80 Produktkategorien hinsichtlich der Handelsmarkentrends untersucht wurden, dass kein direkter Zusammenhang zwischen dem Marktanteil von Handelsmarken und deren preislichen Abstand zu Herstellermarken besteht (A.C. Nielsen 2005, S. 5). Die nachfolgende Abbildung vergleicht für 14 exemplarisch ausgewählte Produktkategorien die durchschnittlichen Marktanteile der Handelsmarken mit den dazugehörigen Preisabständen zu den Herstellermarken.

Abb. 12: Marktanteile von Handelsmarken und ihr Preisabstand zu Herstellermarken

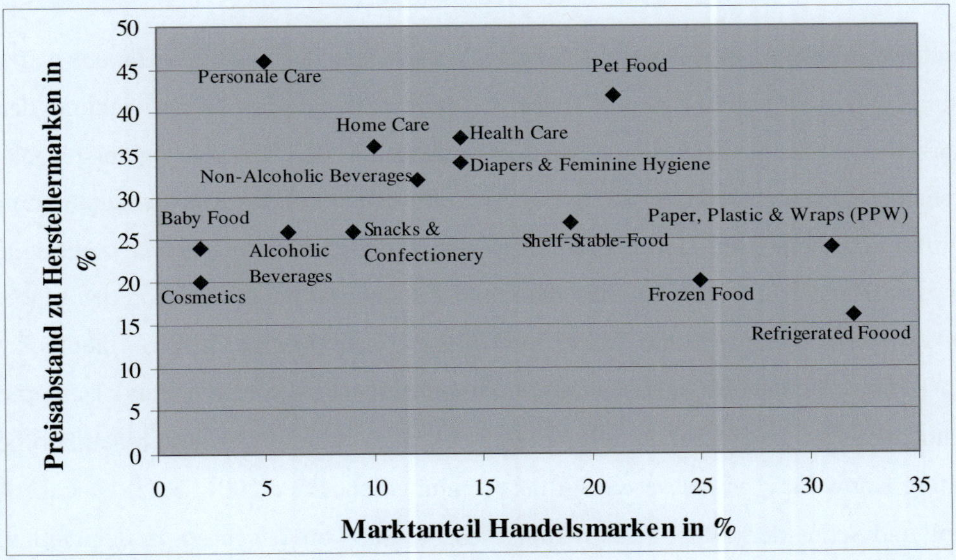

Quelle: A.C. Nielsen 2005, S. 5f.

Aus der Abb. 12 wird ersichtlich, dass bei fünf Produkten mit dem geringsten Preisunterschied zu der Herstellermarke (Refrigerated Food, Frozen Food, Cosmetics, Paper, Plastic & Wraps, Baby Food) drei von denen (Refrigerated Food, Frozen Food und Plastic & Wraps) die höchsten Handelsmarkenanteile aufweisen und zwei (Cosmetics und Baby Food) die niedrigsten. Zusammenfassend kann festgehalten werden, dass es keinen empirischen Hinweis auf einen positiven Zusammenhang zwischen Konjunkturzyklus und Marktanteil der Handelsmarken gibt (Ahlert/Kenning/Schneider 2001, S. 249).

Der **verbraucherbezogene Ansatz** versucht, die Handelsmarkenentwicklung durch längerfristige Veränderungen im Verbraucherverhalten, wie z.B. dem „hybriden Konsumenten" und die sinkende Markentreue der Verbraucher, zu erklären (Ahlert/Kenning/Schneider 2001, S. 249f.). „Der hybride Konsument ist durch eine zunehmende Ambivalenz seines Abnehmerverhaltens gekennzeichnet, d.h. er fragt sowohl Premiummarken als auch preisgünstige Marken nach, wobei die Kaufentscheidung sowohl von situations- als auch produktspezifischen Faktoren abhängt" (Bruhn 2004b, S. 447). Die Autoren halten auch diesen Ansatz für wenig geeignet, um die Marktanteilsgewinne der Handelsmarken zu erklären, da der „hybride Konsument" als Phänomen der 90er Jahre gilt, die positive Entwicklung der Handelsmarke jedoch bereits 1975 eingesetzt hat (Ahlert/Kenning/Schneider 2001, S. 250). Weiter kritisieren sie das Argument der sinkenden Markentreue, da hiervon auch die Handelsmarken betroffen sein müssten, zumal der „Verbraucher nach bisherigem Wissen nur unzureichend darüber informiert ist, bei welchen Marken es sich um Handelsmarken handelt (Ahlert/Kenning/Schneider 2001, S. 250).

Der **wettbewerbsbezogene Ansatz** sieht den Verursacher der positiven Handelsmarkenentwicklung im Handel selbst. Zentrale These ist somit, dass die positive Entwicklung der Handelsmarken das stetig wachsende Marken-Know-How des Handels widerspiegelt (Ahlert/Kenning/Schneider 2001, S. 251). Die Autoren verdeutlichen diese Behauptung an zwei Tendenzen. Zum einen ist eine Handelsmarkenpolitik als klare strategische Zielsetzung bei den meisten Handelsunternehmen erkennbar und dementsprechend viel ist in den Markenaufbau investiert worden, während früher kurzfristige ökonomische Größen Hauptziel waren (Ahlert/Kenning/Schneider 2001, S. 251). Zum anderen schaffen es die Handelsunternehmen heute hochpreisige und hochqualitative Eigenmarken zu führen, welche ein deutlich höheres Marketing-Know-How voraussetzen (Ahlert/Kenning/Schneider 2001, S. 251). Laut Ahlert, Kenning und Schneider (2001, S. 256) kann dieser Ansatz, im Gegensatz zu den beiden anderen, einen hohen Beitrag zur Erklärung der Handelsmarkenentwicklung in den letzten Jahren leisten.

Die eben diskutierten Ansätze lassen erkennen, dass ein einziger Ansatz allein nicht ausreicht, um die zunehmende Bedeutung der Handelsmarken zu erklären. Daher ist es notwendig, zahlreiche interdependente Einflussfaktoren auf die Entwicklung von Handelsmarken zu untersuchen.

5.2. Einflussfaktoren auf die Entwicklung von Handelsmarken

5.2.1. Überblick

Bei der Betrachtung zahlreicher Einflussfaktoren „lassen sich allgemein fördernde und hemmende Faktoren einer Einführung und Diffusion von Handelsmarken unterscheiden, wobei die Zahl der hemmenden Faktoren in den letzten Jahren deutlich abgenommen hat" (Bruhn 2006, S. 633). Noch vor einigen Jahren waren in der Literatur solche Faktoren wie fehlende Akzeptanz bei den Verbrauchern gegenüber Handelsmarken und ein z.T. geringerer Distributionsgrad als bei Herstellermarken vorzufinden (Bruhn 2001, S. 16). Die aktuelle Irrelevanz dieser Faktoren wurde bereits in früheren Kapiteln dieser Arbeit thematisiert. Somit können heute nur noch schnelle Innovationszyklen sowie die starke kommunikationspolitische Präsenz der Hersteller als hemmend für eine weitere Verbreitung von Handelsmarken angesehen werden (Bruhn 2006, S. 633). Vor diesem Hintergrund werden nachfolgend diejenigen Faktoren fokussiert, die Impulse für eine Förderung der Handelsmarkenentwicklung geben. Hierzu zählt Bruhn (2001, S. 15) handelsbezogene, herstellerbezogene, konsumentenbezogene, umfeldbezogene sowie marktbezogene Faktoren. Die einzelnen Komponenten dieser Faktoren sind in der nachfolgenden Abbildung illustriert.

Abb. 13: Einflussfaktoren auf die Entwicklung von Handelsmarken

Konsumentenbezogene Faktoren
- Hohe Anforderungen an Umweltverträglichkeit der Produkte
- Gesundheits- und Genusstreben
- Hybrider Konsument
- Steigendes Preis-Qualitätsbewusstsein
- Markenbewusstsein/-treue

Marktbezogene Faktoren
- Dynamische Entwicklung in nationalen und internationalen Märkten
- Internationalisierung
- Marktstagnation
- Kurze Produktlebenszyklen
- Markeninflation

Handelsbezogene Faktoren
- Konzentrationsprozesse
- Handelsmacht
- Verschärfter vertikaler und horizontaler Wettbewerb
- Professionalisierung des Handelsmarkenmanagements

Handelsmarken

Herstellerbezogene Faktoren
- Bereitschaft zur Produktion von Handelsmarken
- Mangelnde Differenzierungsmöglichkeiten bei der Produktqualität- und gestaltung
- Aktionsgetriebene Produktpolitik

Umfeldbezogene Faktoren
- Wirtschaftliche Entwicklungen
- Technologieentwicklungen
- Wertewandel der Gesellschaft

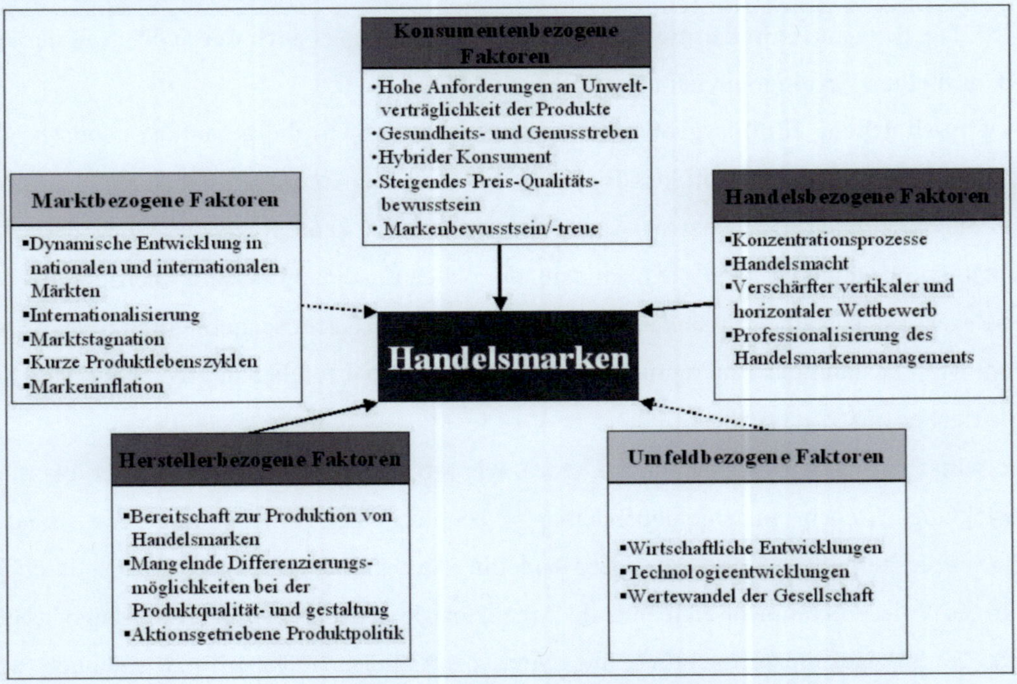

Quelle: in Anlehnung an Bruhn 2001, S. 15; Huber 1988, S. 38; Fassnacht/Kreft 2004, S. 5.

Wie die obige Abbildung zeigt, steht das Handelsmarkenwachstum im Spannungsfeld verschiedener interdependenter Einflussfaktoren, die es im Rahmen der Analyse des Status quo zu beachten gilt. Die einzelnen Komponenten der umfeldbezogenen sowie der marktbezogenen Faktoren stehen nicht in direktem Zusammenhang zu der Fortentwicklung von Handelsmarken. Vielmehr können sie als Bestimmungsfaktoren angesehen werden, welche zur Veränderung des Umfeldes führen, indem die drei Akteure – Handel, Hersteller und Konsument – agieren. Die unterschiedlichen Entwicklungen der Makroumwelt (des unternehmensrelevanten Umfeldes) beeinflussen somit das Verhalten der spezifischen Marktteilnehmer (Handel, Hersteller, Konsument), woraus sich dann Chancen für eine positive Handelsmarkenentwicklung ergeben. Aus diesem Grund werden nachfolgend zunächst die Einflüsse der Makroumwelt (umfeld- und marktbezogenen Einflüsse) auf die jeweiligen spezifischen Marktteilnehmer erläutert. Anschließend werden die wesentlichen Trends der handels-, hersteller- und konsumentenbezogenen Entwicklungen dargestellt und aufgezeigt, welche Chancen diese für die steigende Bedeutung von Handelsmarken implizieren.

5.2.2. Umfeldbezogene Faktoren

Eine erste Gruppe von Einflussfaktoren auf das Wachstum von Handelsmarken stellen die umfeldbezogenen Faktoren dar. Hierbei betrachtet Bruhn (2001, S. 15) gesamtwirtschaftliche Entwicklung, Technologieentwicklung sowie den Wertewandel der Gesellschaft (Bruhn 2001, S. 15). Die genannten Größen stehen sowohl untereinander als auch mit anderen in der Abb. 13 dargestellten Faktoren in vielfältigen Beziehungen.

Als **wirtschaftliche Einflussgrößen** führt Bruhn (1989, S. 3) die gesamtökonomische Entwicklung, die Arbeitslosenzahl, das Einkommen sowie die Konsumausgaben der Privathaushalte auf. Die Interdependenz zwischen diesen Faktoren kann folgendermaßen dargestellt werden: Die Konjunktur kann - je nach dem, ob es sich um ein Wirtschaftswachstum oder um eine Rezession handelt – zur sinkenden bzw. steigenden Arbeitslosenquote führen. Diese wiederum wirkt sich auf das Einkommen privater Haushalte und folglich auf die Höhe ihrer Konsumausgaben aus.

„Die wirtschaftlichen Eckdaten eines Landes, wie z.B. die Einkommens- und Bevölkerungsentwicklung, stehen in interdependenter Beziehung zur Entwicklung des Handels“ (Hilt/Scheer 2006, S. 164). So muss der Handel in Phasen einer Rezession, die u.a. durch „ein niedriges Volkseinkommen, zunehmende Arbeitslosigkeit und Nachfragerrückgänge“ (Huber 1988, S. 84) gekennzeichnet ist, mit Umsatzrückgängen rechnen und eventuell seine preispolitischen Entscheidungen überdenken.

Aber auch das Verbraucherverhalten wird stark von den gesamtwirtschaftlichen Rahmenbedingungen determiniert (Lindenberg 2004, S. 1974). So geht bspw. eine schlechte konjunkturelle Entwicklung mit einer erhöhten Preissensibilität der Konsumenten einher, die sich in einem erhöhtem Preis-Qualitätsbewusstsein widerspiegelt. Zudem führt steigende Preissensibilität zu einer sinkenden (Hersteller-)Markentreue (Huber 1988, S. 75).

Auch die Hersteller werden von der gesamtwirtschaftlichen Situation tangiert. Infolge steigender Rohstoff- und Energiepreise erhöhen sich die Kosten der Produktion. Gleichzeitig sinkt das disponible Budget der Verbraucher, woraus sich zusätzlich eine sinkende Nachfrage nach Herstellermarken ergibt. Um die Verluste der Herstellermarkenindustrie zu kompensieren, müssten die Preise entsprechend angepasst werden, was wiederum vom Konsumenten in dieser wirtschaftlichen Lage nicht akzeptiert werden würde. Deshalb versuchen diese Hersteller durch eine aktionsgetriebene Produktpolitik (Sonderangebote) oder durch die Herstellung von Handelsmarken die Fixkosten auf ein höheres Output umzulegen und somit die Stückkostenbelastung zu verringern (Huber 1988, S. 61).

Neben den wirtschaftlichen Entwicklungen weisen sich die **Technologieentwicklungen** als wichtige Treiber für die Veränderung des Handels-, Hersteller- und Konsumentenverhaltens aus. Als relevante technologische Entwicklungen können u.a. die neuen Informations- und Kommunikationstechnologien (IuK-Technologien) (Zentes/Swoboda 1998, S. 39) sowie der technologische Fortschritt bezüglich Mikroelektronik (Bruhn 1989, S. 5) aufgeführt werden. Zudem führt die wachsende Bedeutung der Internetnutzung zu Veränderungen des Konsumentenverhaltens.

Unter neuen IuK-Technologien „wird ein äußerst breites, vielfältiges Spektrum von Apparaten, Verfahren, Netzen subsumiert“ (Zentes/Swoboda 1998, S. 41), das von Stand-alone-PC's über interaktives Fernsehen zu komplexen Intranet- und Internetsystemen reicht (Zentes/Swoboda 1998, S. 41). Durch diese modernen IuK-Techniken verschiebt sich die Informationsasymmetrie zwischen Hersteller und Handel weiter zugunsten des Handels (Esch/Wicke/Rempel 2005, S. 35). Durch Warenwirtschaftssysteme, die „das immaterielle und abstrakte Abbild der warenorientierten dispositiven, logistischen und abrechnungsbezogenen Prozesse für die Durchführung der intra- und interorganisatorischen Geschäftsprozesse“ (Liebmann/Zentes 2001, S. 670) darstellen, sowie durch Scannerkassen können heute “produktspezifische Daten und Rentabilitäten zur effektiven und effizienten Belegung von Verkaufs- und Regalflächen verwendet werden“ (Esch/Wicke/Rempel 2005, S. 35) und ermöglichen es, Maßnahmen des Markenmanagements schnell auf ihren Erfolg hin zu untersuchen (Sattler 2001, S. 33). Das stärkt die Position des Handels gegenüber den Markenartikelherstellern und trägt zwangsläufig zur höheren Handelsmacht bei. Ferner tragen Technologieentwicklungen zur zunehmenden Professionalisierung des Handelsmarkenmanagements bei. So verfügt die Metro Group über eine für sie speziell entwickelte Software, die sog. MMS-OBM (Metro Merchandising System – Own Brand Management). Diese stellt die Basis des Handelsmarkenmanagements dar, indem sie einen vollautomatischen Ablauf aller Schritte bei der Entwicklung von Verpackungen für Handelsmarkenprodukte ermöglicht (Metro Group 2006, S. 93).

Für die Hersteller spielen insbesondere die Fortschritte in der Mikroelektronik eine wichtige Rolle. So tragen Veränderungen, die sich durch die Prozessautomatisierung mit Hilfe künstlicher Intelligenz ergeben, zur Verbesserung der Fertigungsprozesse bei (Bruhn 1989, S. 5). Der verbesserte technologische Reifegrad führt zum einen zu schnelleren Innovationsprozesses, infolge dessen kürzere Produktlebenszyklen entstehen. Zum anderen führen ausgereifte Produkttechnologien in gesättigten Konsumgütermärkten zu Austauschbarkeit von Produkten, woraus nur geringe Differenzierungsmöglichkeiten hinsichtlich Produktqualität und -gestaltung resultieren (Bruhn 2004b, S. 438f.). Des Weiteren können neue Produktionsanlagen, die i.d.R. als Folge des technischen Fortschritts eine höhere Leistung haben, bei einer konstant bleibenden Nachfrage nach Herstellermarken zu Überkapazitäten führen (Huber 1988, S. 61).

Neben den erwähnten Veränderungen in der Technik ist die Bedeutung der Computer sowie die Internet-Nutzung in den letzten Jahren deutlich gestiegen.

Abb. 14: Computer- und Internetnutzung

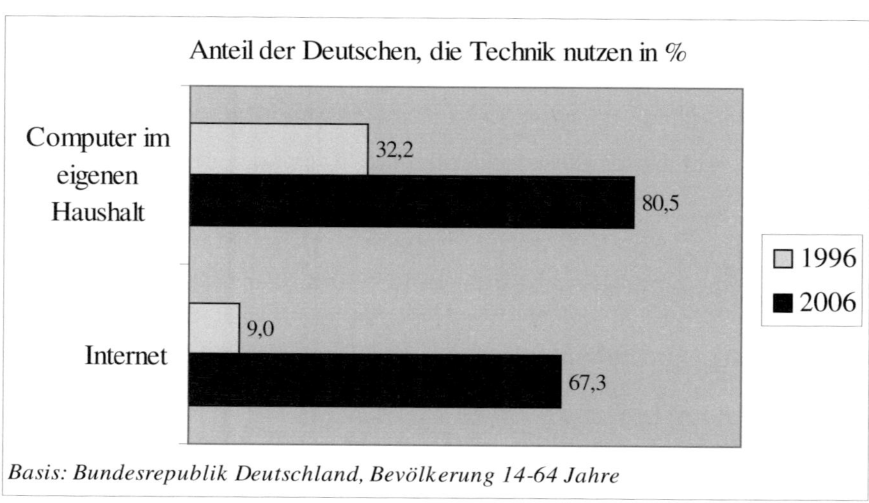

Quelle: ACTA, zitiert nach Saal 2006b, S. 6.

Die steigende Zunahme der Internetnutzung kann auch in anderen Ländern Europas beobachtet werden.

Abb. 15: Internetnutzung in Europa

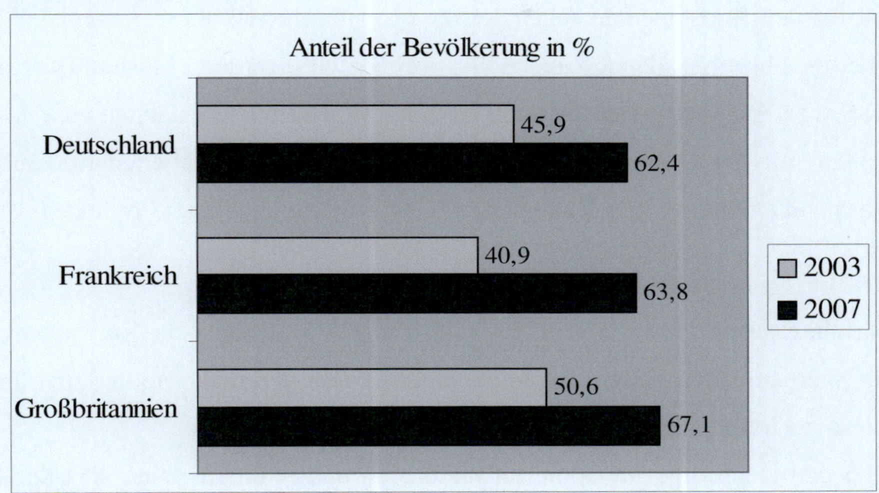

Quelle: www.eMarketer.com, zitiert in LP International 2004a, S. 6.

Mit zunehmender Verbreitung der neuen Medien werden die für die Kaufentscheidung grundlegende Preis- und Produktinformationen leichter zugänglich (KPMG 2003b, S. 5). Die somit erhöhte Markttransparenz führt beim Konsumenten zu einer Ausweitung des Evoked Sets von Marken (Decker/Klein/Wartenberg 1995, S. 472f.). Als Evoked Set wird eine „begrenzte, klar profilierte Zahl von kaufrelevanten Alternativen" (Kroeber-Riel/Weinberg 2003, S. 385) verstanden. Lenz (2001, S. 240) sieht in der verstärkten Anzahl an Internetzugängen, als Instrument zur Informationssuche und des Preisvergleichs eine sinkende Markentreue für Herstellermarken.

Neben den wirtschaftlichen und technologischen Entwicklungen übt der **Wertewandel der Gesellschaft** einen Einfluss auf die Veränderungen des Verhaltens von Händlern, Herstellern und Konsumenten aus. In einer Reihe von Studien im Bereich des Konsumentenverhalten zeichnen sich aktuell insbesondere folgende Trends ab: Polarisierung von Anspruchssteigerungen (z.B. beim Erlebniskonsum) und Anspruchssenkung (z.B. beim preisorientierten Einkauf), Trend zum ökologischen Konsumentenverhalten (Silberer 2001, S. 1899) und Veränderungen im Freizeitverhalten (Bruhn 1994, S. 16).

Infolge der Polarisierung des Konsumentenverhaltens kann in Zeiten wirtschaftlicher Rezession ein „hybrides" Konsumentenverhalten beobachtet werden (Bruhn 2004b, S. 447). Der Trend zum ökologischen Konsumentenverhalten findet seinen Ausdruck in gestiegenen Anforderungen an Umweltverträglichkeit der Produkte (Wimmer 2001, S. 1211). Infolge der zunehmenden Freizeitgestaltungsmöglichkeiten empfinden viele Menschen subjektiv einen permanenten Zeitmangel. Folglich spielen Schnelligkeit und Bequemlichkeit, insbesondere im Nahrungsmittelsektor, eine zunehmend wichtigere Rolle (Lindenberg 2004, S. 1975). Da der Faktor Zeit für den Konsumenten sehr relevant ist, wünscht sich dieser „schnelle“ Produkte wie z.B. Fertigmahlzeiten, deren Zubereitung wenig Zeit erfordert (Meffert/Twardawa/Wildner 2001, S. 11). Auf gestiegenes Gesundheits- und Genusstreben reagieren viele Lebensmittelproduzenten mit der Herstellung von umweltverträglichen, gesundheitsfördernden (z.B. Bioprodukte) und einfach zu handhabenden (z.B. Mikrowellengerichte) Produkten.

5.2.3. Marktbezogene Faktoren

Zu den marktbezogenen Faktoren zählt Bruhn (2001, S. 15) dynamische Entwicklung in nationalen und internationalen Märkten, Internationalisierung, Marktstagnation, kurze Produktlebenszyklen sowie Markeninflation.

Die aktuelle und zukünftige Situation auf nationalen und internationalen Absatzmärkten ist durch steigende Komplexität geprägt, die sich u.a. infolge einer hohen Dynamik ergibt (Bruhn 2004a, S. 23). Sowohl der deutsche als auch der europäische Lebensmittelmarkt unterliegen diesem Trend. „Veränderte Konsumgewohnheiten, demographische Trends, der Zwang zur Fokussierung auf Kernkompetenzen und die aktuelle Ertragsmisere dominieren die Planungen der nationalen und internationalen Handelsmanager“ (KPMG/EHI 2004, S. 4).

Neben der hohen Marktdynamik sind die Märkte durch Internationalisierungsprozesse gekennzeichnet (Bruhn 2004a, S. 23). Mit der fortschreitenden Internationalisierung, die u.a. in der Etablierung von europaweiten Einkaufskooperationen und internationalen Filialnetzen ihren Ausdruck findet (Sattler 2001, S. 33), verstärken sich die Konzentrationsprozesse im Handel (Lindenberg 2004, S. 1973).

Des Weiteren werden auf vielen europäischen Märkten zunehmend Sättigungstendenzen erkennbar. „Marktsättigung entsteht durch ausgeschöpfte Marktpotenziale bei einem stagnierenden oder schrumpfenden Marktvolumen“ (Huber 1988, S. 58). Diese resultiert einerseits aus dem physischen Maximalkonsum vieler Haushalte, andererseits aus der europäischen demographischen Situation, die durch ein marginales Bevölkerungswachstum gekennzeichnet ist (Bodenbach 1996, S. 57). Die Marktsättigungserscheinungen haben zur Folge, dass sich einige Märkte in einer Stagnation- oder Schrumpfungsphase befinden (Bruhn 2004a, S. 23).

Ferner sind zunehmend kürzer werdende Produktlebenszyklen v.a. im Technologiebereich sowie verschärfter horizontaler Wettbewerb zwischen den Markenartikelherstellern zu beobachten. Dies erfordert „von den Unternehmen permanent innovative, den Umweltanforderungen entsprechende Produkte und Dienstleistungen“ (Bruhn 1994, S. 15).

„Aufgrund unzähliger Nachahmungen und Reproduktionen der Marken in klassischen Konsumgüterbereichen, der Ausdehnung der Markentechnik auf den Dienstleistungs- und Investitionsbereich sowie des Eindringens internationaler Marken in nationale Märkte lässt sich für die Konsumenten die kaum noch überschaubare „Markeninflationierung" konstatieren" (Bruhn 2004a, S. 23).

Mit den dargestellten Veränderungen der umfeld- und marktbezogenen Faktoren, konnte aufgezeigt werden, inwieweit diese das Agieren von Handelsunternehmen, Herstellern und Konsumenten beeinflussen können. Nachfolgend wird ein Überblick über die wesentlichen Trends der handels-, hersteller- und konsumentenbezogenen Entwicklungen gegeben und kurz skizziert, welche Chancen diese für die steigende Bedeutung von Handelsmarken implizieren.

5.2.4. Handels-, hersteller- und konsumentenbezogene Faktoren

In der **handelsbezogenen Entwicklung** zeichnen sich v.a. folgende Trends ab: Konzentrationsprozesse, gestiegene Handelsmacht, verschärfter vertikale und horizontale Wettbewerb sowie zunehmende Professionalisierung des Handelsmarkenmanagements.

Die aktuelle Situation der deutschen als auch der europäischen Handelslandschaft ist durch zunehmende Konzentrationsprozesse gekennzeichnet (Bruhn 2004a, S. 23). Infolge einer höheren Handelskonzentration vergrößert sich der Distributionsgrad von Handelsmarken, wodurch eine hohe Marktdurchdringung erreicht werden kann (Lenz 2001, S. 239). Zwar gibt es einige Länder, auf die diese Zusammenhänge nicht zutreffen, so z.B. Mexiko mit einem Handelsmarkenanteil von 1 % und einer Handelskonzentration von 62 % (LP International 2006b, S. 11), dennoch kann im europäischen Raum grundsätzlich konstatiert werden, dass eine hohe Konzentration des Handels zu einer Ausweitung des Angebots von Handelsmarken führt (Liebmann/Zentes 2001, S. 493; Kornobis 1997, S. 257f.; Theis 1999, S. 561).

Infolge von Konzentrationstendenzen im Handel nimmt dessen Macht im vertikalen Wettbewerb ständig zu (Esch/Wicke/Rempel 2005, S. 32). „Die vertikale Wettbewerbsposition bezieht sich auf die Stellung zwischen Industrie- und Handelsunternehmen" (Zentes/Schramm-Klein 2004, S. 1683f.). Die Zunahme der Handelsmacht führt einerseits zu einer verstärkten Konkurrenz zwischen Handels- und Herstellermarken und andererseits zu einem steigenden horizontalen Wettbewerb zwischen verschiedenen Handelssystemen sowie deren Marken (Bruhn 2004a, S. 23). „Neben den bisher genannten Einflussfaktoren der Handelsmarkenentwicklung ist es in erster Linie die zunehmende Professionalisierung des Handelmarkenmanagements, die eine weitere positive Entwicklung der Handelsmarkenanteile erwarten lässt" (Ahlert/Kenning/Schneider 2000, S. 42).

Die Einflussfaktoren auf die Entwicklung von Handelsmarken seitens der **Hersteller** implizieren die Bereitschaft zur Produktion von Handelsmarken, mangelnde Differenzierungsmöglichkeiten hinsichtlich Produktqualität und -gestaltung sowie die aktionsgetriebene Produktpolitik.

Aufgrund der steigenden Konzentration hat der Handel an Macht gewonnen und kann seinen eigenen Marken einen günstigen Platz im Regal verschaffen wodurch für die Zweit- und Drittmarken eine Verdrängungsgefahr entsteht (Eisenmann 1997, S. 220). Dieser verstärkter Auslistungsdruck begünstigt die Bereitschaft von Herstellern, Handelsmarken zu produzieren (Fassnacht/Kreft 2004, S. 6).

Die technologischen Entwicklungen (vgl. Kapitel 5.2.2.) haben dazu geführt, dass in stark gesättigten Konsumgütermärkten die Produkte technisch nahezu ausgereift und weitgehend austauschbar sind. Für die Markenartikelhersteller ist es zunehmend schwieriger geworden, sich durch die Qualität oder durch innovative Produktgestaltung zu differenzieren (Fassnacht/Kreft 2004, S. 6). Die Qualitätsverbesserungen können nur noch mit einem erheblichen Kostenaufwand erzielt werden (Bruhn 2004b, S. 438). Eine, diesem finanziellen Aufwand adäquate, Preiserhöhung kann aber bei einer zunehmenden Preissensibilität der Verbraucher nicht realisiert werden. „Due to the strong competition in retail, manufacturers are also not able to increase prices, although the cost of production has significantly increased for many products" (Euromonitor Internaional 2006a, S. 39).

Die aktionsbetriebene Produktpolitik wird oft als Fehler der Markenartikelindustrie interpretiert (Bruhn 2004b, S. 444). Zum einen führen die von Herstellen initiierten und vom Handel umgesetzten Preisaktionen und Sonderangebote dazu, dass das Vertrauen der Verbraucher in die Herstellermarken sinkt (Schröder 2002, S. 127f.) Zum anderen führen „häufige Wechsel von Werbeagenturen und Produktmanagern sowie deren kurzfristige Erfolgsorientierung zur Verwässerung des Markenauftritts" (Fassnacht/Kreft 2004, S. 6ff.).

Ebenso spielt die Veränderung des **Konsumentenverhaltens** eine wichtige Rolle für die Entwicklung von Handelsmarken. Zu den konsumentenbezogenen Faktoren zählt Bruhn (2001, S. 15) hohe Anforderungen an Umweltverträglichkeit der Produkte, Gesundheits- und Genusstreben, das Phänomen des hybriden Konsumenten, steigendes Preis- und Qualitätsbewusstsein sowie Markenbewusstsein/-treue.

In den letzten Jahren ist zu beobachten, dass Konsumenten immer höhere Anforderungen an die Produktqualität stellen, „die im funktionalen, ökologischen und Erlebnisnutzen zum Ausdruck kommen" (Bruhn 2004a, S. 24). Die Verbraucher verlangen heute sowohl von Herstellermarken als auch von Handelsmarken technologische Fortschrittlichkeit, Umweltfreundlichkeit, individuelle Erlebnisse und zusätzliche Serviceleistungen (Bruhn 2004a, S. 24). „Auch ausgeprägtes Gesundheits- und gleichzeitiges Genusstreben führen zu einer Neuorientierung und Differenzierung der Konsumwünsche“ (Bruhn 2004a, S. 24). Die Polarisierungstendenzen bei der Produkt- und Markennachfrage bewirken ein selektives Einkaufsverhalten der „hybriden“ Konsumenten. Ferner nimmt „die Bedeutung des Preis-Leistungs-Verhältnisses als Kaufentscheidungskriterium [...] zu“ (Lenz 2001, S. 240). Des Weiteren stellt Bruhn (2004a, S. 24) fest, dass das Markenbewusstsein von Konsumenten zwar zunimmt, die Markentreue aber abnimmt.

5.3. Länderübergreifende Einflussfaktoren auf die Entwicklung von Handelsmarken

5.3.1. Überblick

Bei der konkreten Analyse der zuvor diskutierten Einflussfaktoren lassen sich Faktoren identifizieren, die sich länderübergreifend positiv auf die Entwicklung von Handelsmarken auswirken. Hierzu zählen zunehmende Handelskonzentration, Professionalisierung des Handelsmarkenmanagements und stärkere Bereitschaft zur Produktion von Handelsmarken

5.3.2. Handelsbezogene Faktoren

5.3.2.1. Konzentrationsprozesse und Handelsmacht

„Konzentrationstendenzen ermöglichen es dem Handel, über die Realisierung von Mengeneffekten noch preisgünstiger zu sein. Drüber hinaus bedeutet die zunehmende Dichte der Einkaufsstätten für den Verbraucher eine verbesserte Erhältlichkeit der Handelsmarken“ (Bruhn 2004b, S. 440).

In der deutschen Handelslandschaft ist seit Jahrzehnten eine zunehmende Handelskonzentration zu beobachten, die insbesondere im LEH am signifikantesten ist. Während sich die Anzahl der Verkaufsstellen in den letzten 40 Jahren mehr als halbierte, hat sich die Verkaufsfläche insgesamt fast verfünffacht. Der Umsatz der Branche hat sich im besagten Zeitraum um das Siebenfache gesteigert (Oehme 2001a, S. 39f.). Die nachfolgende Abbildung verdeutlicht am Beispiel des deutschen LEH den Konzentrationsprozess der letzten zehn Jahre.

Abb. 16: Langfristige Umsatzentwicklung des deutschen LEH

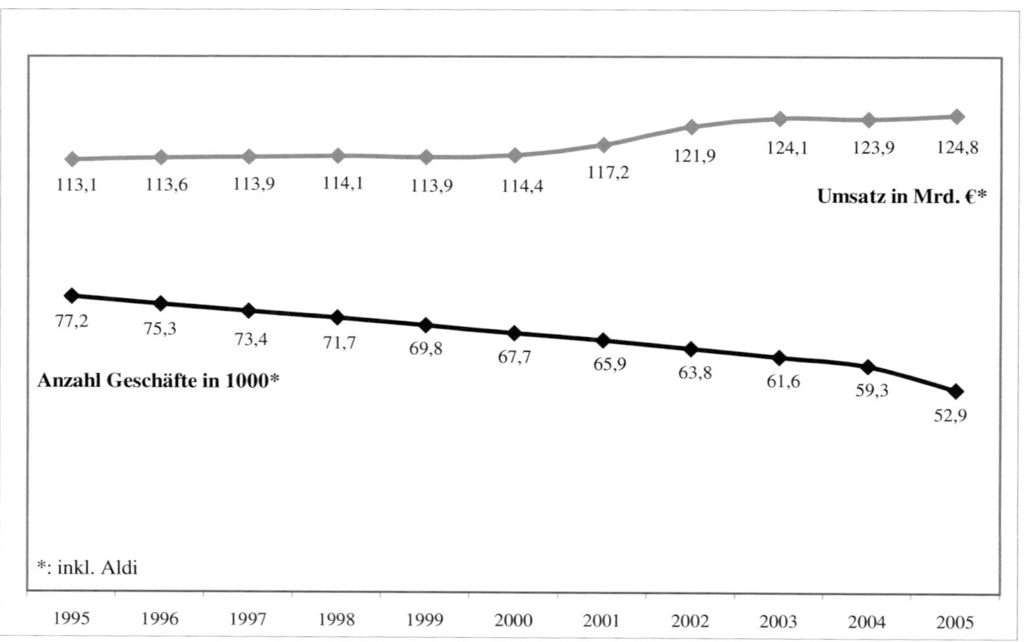

Quelle: A.C. Nielsen 2006, S. 22

„Die Konzentration nimmt im Zuge der fortgesetzten Konsolidierung des Marktes weiter zu" (Metro Group 2006, S. 16). So ist in Deutschland der Umsatzanteil der fünf größten Lebensmittelhändler am Gesamtumsatz des Lebensmittelhandels in den letzten 25 Jahren kontinuierlich gestiegen. Während 1980 die TOP-5 26,3 % auf sich vereinten, sind es heute bereits 69,2 % (Metro Group 2006, S. 16). Die nachfolgende Tabelle stellt die Umsatzanteile der TOP-5 Lebensmittelhändler in Deutschland dar.

Abb. 17: Marktanteile im deutschen Lebensmittelhandel 2005

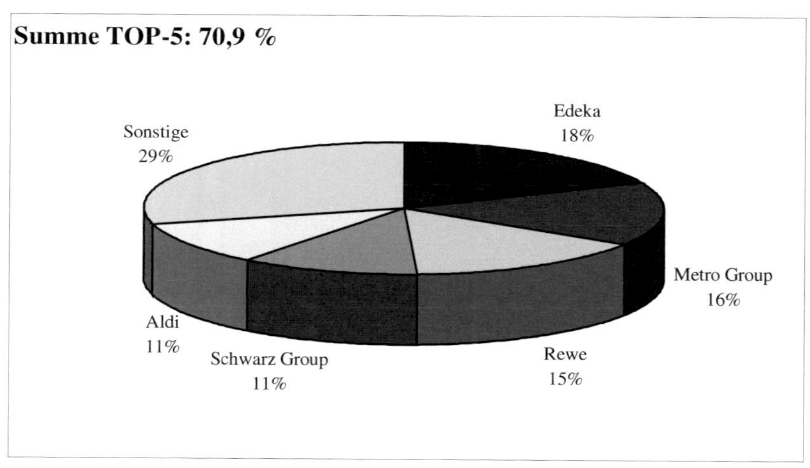

Quelle: in Anlehnung an Planet Retail 2006a, S. 9.

Die leichte prozentuale Divergenz im Vergleich zu der vorangehenden Aussage (70,9 % vs. 69,2 %), ergibt sich aufgrund von unterschiedlichen Erhebungsquellen.

Auch in Frankreich und Großbritannien sind hohe Konzentrationsprozesse zu beobachten. Die nachfolgenden Tabellen stellen die Marktanteile der jeweiligen TOP-5 Lebensmittelhändler dar.

Abb. 18: Marktanteile im französischen Lebensmittelhandel

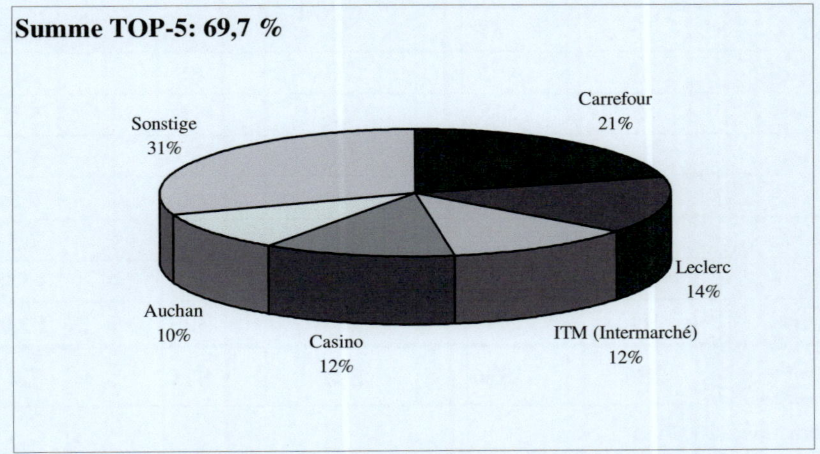

Quelle: Planet Retail 2006b, S. 8.

Abb. 19: Marktanteile im britischen Lebensmittelhandel

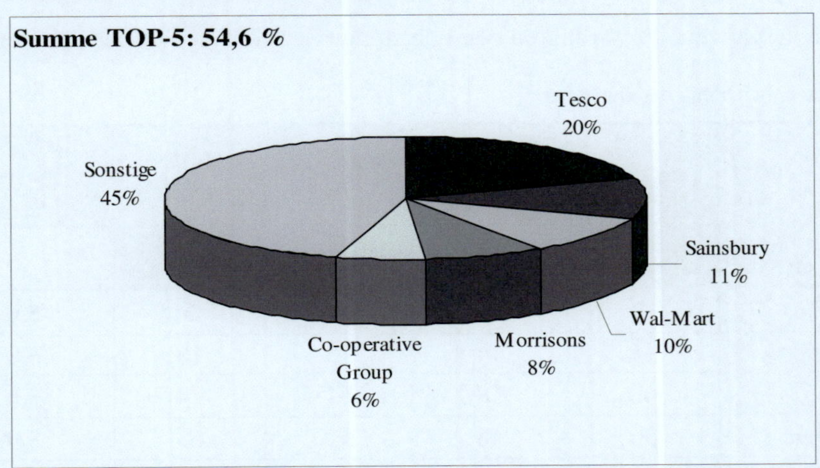

Quelle: Planet Retail 2006c, S. 8f.

Neben den geschilderten Konzentrationstendenzen nimmt die Größe des Handels ständig zu.

Tab. 10: Umsatzentwicklung des Handels

Jahre / Unternehmen	1995	2000	2001	2005 (geschätzt)	Jährl. Zuwachs (5-Jahre-Durchschnitt)
	Umsätze in Mrd.				
Ahold	13	53	67	91	**8,0 %**
Albertsons	13	37	38	48	**5,5 %**
Carrefour	22	65	70	88	**6,0 %**
Delhaize	9	18	21	26	**5,0 %**
Kroger	24	49	51	59	**4,0 %**
Metro AG	28	47	50	66	**7,5 %**
Safeway US	13	32	35	46	**7,5 %**
Tesco	20	34	40	65	**13,0 %**
Wal-Mart	94	191	221	323	**10,0 %**
Total	**236**	**526**	**591**	**811**	**7,4 %**

Quelle: LP International 2002b, S. 1.

Vergleicht man die Umsatzentwicklung führender Hersteller und Handelsunternehmen aus USA und Europa, so stellt man fest, dass sich das Umsatzwachstum von Handelsunternehmen während den vergangenen zehn Jahren deutlich stärker entwickelte wie das der Hersteller.

Tab. 11: Umsatzentwicklung der Hersteller

Jahre / Unternehmen	1995	2000	2001	2005 (geschätzt)	Jährl. Zuwachs (5-Jahre-Durchschnitt)
	Umsätze in Mrd.				
Numico	1	4	4	5	**5,0 %**
Danone	11	14	15	18	**5,0 %**
Nestlé	40	58	61	74	**5,0 %**
Unilever	36	48	52	63	**5,0 %**
Procter & Gamble	33	40	39	48	**5,0 %**
Total	**122**	**165**	**172**	**209**	**5,0 %**

Quelle: LP International 2002b, S.1.

„Mit einem Umsatzvolumen von rund 32,2 Mrd. Euro wie bei der Metro-Gruppe [...] wirkt selbst ein großer Konsumgüterhersteller wie Henkel mit einem Umsatz von 9,4 Mrd. Euro wie ein kleiner Fisch“ (Esch/Wicke/Rempel 2005, S. 32).

Infolge der Konzentration und aufgrund seiner Größe besitzt der Handel folglich eine starke Verhandlungsposition und kann bei Konditionsgesprächen auf Hersteller immensen Druck ausüben (Esch/Wicke/Rempel 2005, S. 32). „Auch die Internationalisierung der Handelsunternehmen führt aufgrund der Möglichkeit zum internationalen Einkauf zur Verschiebung des Machtgefüges zugunsten des Handels“ (Koppe 2003, S. 32). Ferner verbessert sich die Stellung des Handels im vertikalen Wettbewerb infolge der Reduktion der Anzahl der Entscheidungsstellen des Handels. Neben der Bündelung der Einkaufsmacht ist ein verschärfter Regalplatzwettbewerb entfacht (Sattler 2001, S.33). Händler, die eine Gatekeeper-Rolle inne haben (Stickel 1994, S. 2028), entscheiden am PoS darüber, welcher Hersteller den besten Regalplatz bekommt oder ob deren Handelsmarken weiter in den Vordergrund gestellt werden. Dies führt zu einer zunehmenden Gefahr der Verdrängung von B- und C-Marken der Hersteller, denn klassische Handelmarken weisen eine diesen Marken vergleichbare Qualität auf bei einem geringem Preisniveau (Bruhn 2001, S. 12).

Abb. 20: Druck auf schwache Marken durch Handelsmarken

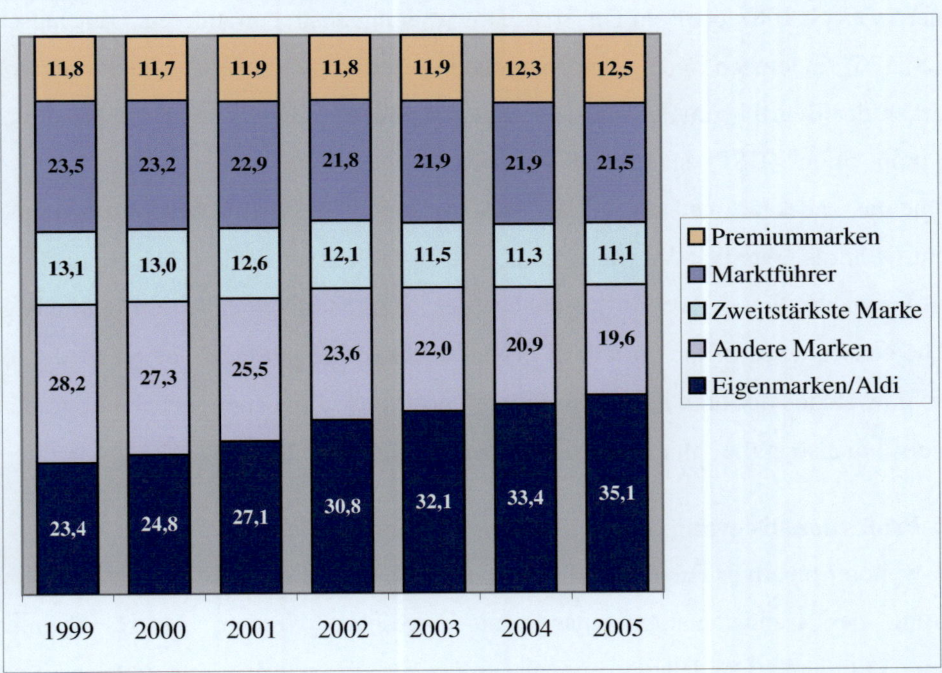

Quelle: KPMG/EHI 2006, S. 39.

Die vorhergehende Abbildung verdeutlicht das sog. „Verlust-der-Mitte-Phänomen“ (Töpfer 2001, S. 1064), auch als die „wegbrechende Mitte“ (Bruhn 2004b, S. 449) und „stuck-in-the-middle“ (Ahlert/Kenning/Schneider 2001, S. 258) genannt. Dieses Phänomen entsteht infolge Polarisierungstendenzen der Märkte, d.h. „Auseinanderdriften von Marktschichten in Richtung der beiden Extreme oberes und unteres Marktsegment“ (Bruhn 2004b, S. 449). Während früher der Mittlere Markt ein großes Volumen aufwies, ist heute zu beobachten, dass die mittlere Schicht zugunsten des oberen und/oder unteren Marktsegmentes an Volumen verliert. "Wenn die mittlere Marktschicht schwindet, müssen zukünftig die Produkte im oberen oder unteren Marktsegment positioniert werden" (Töpfer 2001, S. 1064). Dabei spricht man vom Trading Up, wenn sich eine Unternehmung vom mittleren Marktsegment zum oberen bewegt bzw. vom Trading-down, wenn man sich in Richtung des unteren Marktsegments orientiert (Töpfer 2001, S. 1064).Während Trading-up Imagedominanz bedeutet, steht beim Trading-down eher die Preisdominanz im Vordergrund (Pepels 1995, S. 113f.). Diese Polarisierung beinhaltet somit gleichzeitig Chancen für Handels- und Gattungsmarken im unteren Segment, während die Möglichkeiten für die Premium-Handelsmarken im oberen Bereich liegen. Darüber hinaus zeigt diese Entwicklung, dass in der Mitte positionierte Handelsmarken entweder ein klares Profil brauchen, um dem Verbraucher noch Kaufargumente zu liefern (Sternagel-Ellmauer 1997, S. 108), oder ein Up- bzw. Downtrading anstreben müssen. Laut Jauschowetz (1995, S. 126) findet sich in der Handelsmarketing-Terminologie für das Uptrading von Handelsmarken der Begriff „retailer´s added-value proposition" (RAP), als Pendant zum „unique selling proposition“ (USP) der Herstellermarken.

Zusammenfassend kann man sagen, dass im Zuge der zunehmenden Macht des Handels dieser nicht mehr als „passiver Vertriebskanal“ (Zentes/Schramm-Klein 2004, S. 1681) verstanden wird, sondern seine Position gegenüber den Markenartikelherstellern deutlich gestärkt hat. „The consequence of the growth of private label is that producers of branded goods and retailers now stands not only in their traditional positions in the supply chain as suppliers and customers, but also at the same level, as competitors” (Gorrie 2006, S. 217).

5.3.2.2. Professionalisierung des Handelsmarkenmanagements

Als ein weiterer positiver Faktor für die Verbreitung von Handelsmarken kann die Professionalisierung des Handelsmarkenmanagements angesehen werden. Ahlert, Kenning und Schneider definieren Handelsmarkenmanagement als „marktorientierte Führung von Handelsmarken auf Basis eines systematischen Planungs-, Realisations- und Entscheidungsprozesses“ (Ahlert/Kenning/Schneider 2000, S. 215). Hauptziel ist die Schaffung von Vertrauen beim Verbraucher (Ahlert/Kenning/Schneider 2000 S. 17). "Der Handel ist aus seinem Dornröschenschlaf erwacht. Er versteht sich nicht mehr länger nur als Distributeur, sondern als Marketingakteur" (Esch/Wicke/Rempel 2005, S. 32). In den Managementstrukturen hat sich eine deutliche Entwicklung hin zur Professionalisierung abgezeichnet. Es lassen sich konzeptionelle Erarbeitungen und Überprüfungen von Handelsmarkenkonzepten, von der Marktforschung bis hin zur Qualitätssicherung häufig unter Einbezug externer Spezialisten, feststellen (Vanderhuck 2001, S. 315). Als Beispiel kann an dieser Stelle das Unternehmen „Daymon Worldwide“ genannt werden. Diese international operierende Beratungsgesellschaft ist auf Marketing und Produktmanagement von Handelsmarken spezialisiert (Daymon 2006). Weiter registriert Vanderhuck (2002b, S. 57), dass sich heutzutage in der strategischen Führung der Handelsmarken mehr und mehr ein Umdenken breit macht. "Aber nicht nur die Qualität hat sich über weite Produktgruppen verbessert. Auch die Aufmachung ist attraktiver geworden und der Vermarktung der eigenen Produkte widmet der Handel [sich] heute viel mehr Aufmerksamkeit als vor Jahren" (Vanderhuck 2002b, S.57) Die Produkte sehen sehr viel markenhafter aus als noch vor Jahren (Vanderhuck 2000, S. 61). Des weiteren lässt sich ein höherer Informationsstand des Handels gegenüber den Herstellern verzeichnen (Ahlert/Kenning/Schneider 2000, S. 41). Durch moderne Warenwirtschaftssysteme und den direkten Kundenkontakt am PoS steigt das Know-how der Händler stetig (Weinberg/Diehl 2001, S. 24f.). Infolge einer zunehmenden Ausstattung mit computergestützten Warenwirtschaftssystemen auf Scannerbasis weist der Handel eine höhere Marktnähe als bisher auf (Ahlert/Kenning/Schneider 2000, S. 41). Daten fallen automatisch, quasi als Abfallprodukte, an und können für das eigene Handelsmanagement als Informationen genutzt werden (Ahlert/Kenning/Schneider 2000, S. 41). So kann der Handel seine Informationsmacht als Waffe gegenüber den Herstellern einsetzten (Esch/Wicke/Rempel 2005, S.32).

5.3.3. Herstellerbezogene Faktoren

5.3.3.1. Produktion und Qualität von Handelsmarken

Die u.a. infolge des Technologiefortschritts entstandenen Überkapazitäten der Produktion führen zu einer erhöhten Stückkostenbelastung der Hersteller. Diese kann reduziert werden, indem die Hersteller Zusatzaufträge einholen und somit die Fixkosten auf einen höheren Output umlegen. „Eine Möglichkeit zusätzlicher Aufträge besteht in der Produktion von Handelsmarken für Handelsunternehmen, weil es sich hierbei um entsprechend große Auftragsvolumina handelt“ (Huber 1988, S. 61). Ein weiterer Grund für die Bereitschaft zur Produktion von Handelsmarken kann in der Veränderung des Marktgleichgewichts zwischen Herstellern und Handelsunternehmen gesehen werden. Die immer stärker wachsende Bedeutung des Handels im verschärften vertikalen Wettbewerb veranlasst immer mehr Hersteller, sich für die

Produktion von Handelsmarken zu entscheiden (Rück 2005, S. 12). Somit setzt der größte Teil der Markenartikelhersteller auf eine duale Markenstrategie, d.h. die parallele Produktion von Handels- und Herstellermarken (Sattler 2001, S. 130; Zentes/Swoboda 2001, S. 908). Laut Schmalen/Schachtner (1999, S. 132) produzieren z.B. „Bahlsen", „De Beukelaer", „Unilever", „Blendax", „Trumpf" und „Nestlé" für „Aldi". Allerdings beschreiben Hammann/Niehuis/Braun (2001, S. 992), dass es große Konzerne, wie Nestlé oder Henkel, gibt, die nicht bereit sind Handelsmarken zu produzieren, da sie Imageschäden für ihre eigenen Marken befürchten. Diese Unternehmen lehnen die Verbindung zu Handelsmarken in der Öffentlichkeit kategorisch ab und spielen zugleich deren Bedeutung herunter. Jedoch schreibt Raeber, Generaldirektor der Nestlé Schweiz, dass das Unternehmen seit über 15 Jahren einige Handelsmarkengeschäfte zur vollen Zufriedenheit der Kooperationspartner führt (Raeber 2001, S. 343), was eindeutig auf die Handelsmarkenproduktion hinweist. Andere Unternehmen, wie z.B. „Wella AG", versuchen die Verbindung zu Handelsmarken zu verschleiern, indem sie Tochtergesellschaften gründen. Die Wella-Tochter ist als Hauptlieferant für im Bereich Haar- und Körperpflege sehr erfolgreich (Vanderhuck 2000, S. 61). Demgegenüber stehen Unternehmen, die sogar mit der Produktion und ihrer Kompetenz im Bereich von Handelsmarken werben, um sich gegenüber dem Handel als Spezialist in der Produktion von Handelsmarken zu profilieren. Ferner bietet sich auch die Möglichkeit der Verteilung der Produktion von Handelsmarken auf mehrere mittelständische Hersteller. Diesen fehlen zwar die finanziellen Mittel zum Aufbau starker Premium-Herstellermarken, sie sind aber durchaus in der Lage, dem Handel eine den Herstellermarken ebenbürtige Qualität der Marken zu liefern (Oehme 2001a, S. 160).

Da die Handelsmarkenprodukte auf den gleichen Fertigungsanlagen wie die Herstellermarkenprodukte produziert werden, stehen sie diesen weder in qualitätsmäßiger noch in technologischer Hinsicht nach (Hamann/Niehuis/Braun 2001, S. 991). Des Weiteren lassen die zahlreichen Tests der Stiftung Warentest die Skepsis der Verbraucher verblassen (Vanderhuck 2002b, S. 57). „Die Grenzen zwischen Herstellermarken und Handelsmarken verwischen" (Esch 2005, S. 48), d.h. indem Maße, in dem wahrgenommene Qualitätsunterschiede zwischen Handels- und Herstellermarken schrumpfen und Herstellermarken kein klares Markenprofil aufbauen, nimmt die Markentreue bezüglich der Herstellermarken ab und der Preis steht im Vordergrund für die Kaufentscheidung (Esch 2005, S. 48).

5.3.3.2. Aktionsgetriebene Produktpolitik der Hersteller

Die Markenartikelhersteller begünstigen die Verbreitung der Handelsmarken, indem sie mit ihren Aktionen häufig eine Schwächung ihrer eigenen Marken provozieren (Bruhn 2004b, S. 444). „Eine im LEH beobachtbare „Sonderangebots-Aktionitis“ führt [...] dazu, dass in manchen Warengruppen ständig verbilligte Herstellermarken „im Angebot“ sind“ (Schmalen/Lang/Pechtl 2001, S. 965). Beispiel hierfür stellen "Jacobs Krönung", "Onko", "Dallmayr" oder "Nescafé" dar, die vom Discounter „Lidl“ mit wöchentlich wiederholten Sonderangeboten dauernd billiger offeriert werden, was sich immens auf die Preiswahrnehmung der Konsumenten auswirkt (maq 2002, S.4). Auch Schobert (1999, S. 10) meint hierzu: „Wir Markenartikler in Deutschland haben Arm in Arm mit dem Handel unseren Verbrauchern ihre Marken- und Ladenloyalität ausgetrieben. Wir haben ein Sonderangebot nach dem andren auf unsere treuen Kunden losgelassen. Am Schluss ist nur noch der Blöde treu. Heute stehen wir vor unseren eigenen Scherbenhaufen und reden von dem Problem der Marke in unserer Zeit“ (Schobert 1999, S. 10). Weitere Fehler seitens der Hersteller sieht Konrad (2002, S. 2) darin, dass sie die Stärke ihrer Marken durch Überdehnung oder andere Fehlentscheidungen im Brandmanagement schwächen. Die Orientierung der Hersteller an kurzfristigen quantitativen Erfolgsgrößen, verstellt oft den Blick für einen konstanten Markenauftritt und kann sich auf die Herstellermarken kontraproduktiv auswirken (Meffert/Burmann 2001, S. 51).

5.3.4. Konsumentenbezogene Faktoren

Das Umweltbewusstsein war in Deutschland bis 1990 durch einen starken Anstieg gekennzeichnet und wurde dann durch die Wiedervereinigung in den Hintergrund gedrängt, hält jedoch seitdem ein konstantes Niveau. Im Zuge des zunehmenden Umweltbewusstseins sind ökologische und gesundheitliche Aspekte zu wichtigen Kriterien für die Kaufentscheidung geworden (Steger 1994, S. 1943).

Des Weiteren lässt sich eine Gesundheits- und Wellnessorientierung feststellen. Aspekte wie Entspannung, bewusste Ernährung, Fitness und Stressbewältigung nehmen eine besondere Stellung ein (Meffert/Twardawa/Wildner 2001, S. 13f.).Folglich finden sich in der Ernährungsindustrie in der letzten Zeit immer häufiger Begriffe wie „bio-dynamisch, natürlich, authentisch, organisch“ (LP International 2006c, S. 12). Das Streben nach Gesundheit lässt sich länderübergreifend beobachten.

Abb. 21: Bedeutung gesunder Ernährung

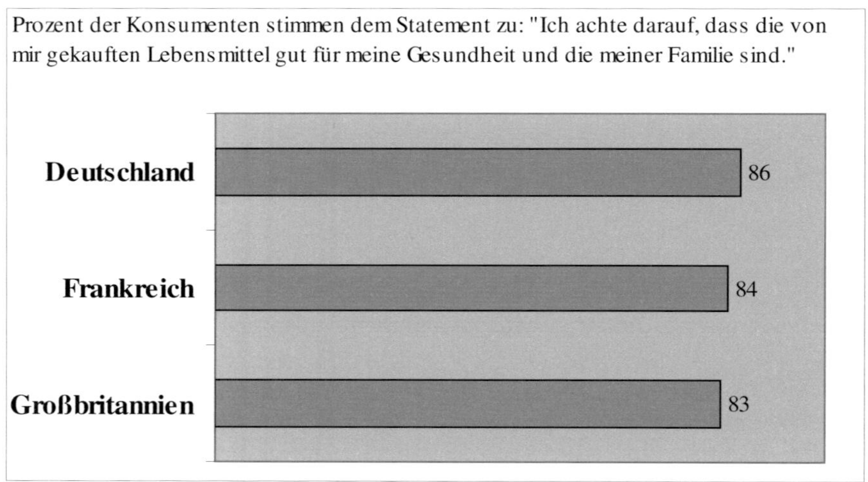

Quelle: LP International 2006c S. 12

Aus Sensibilität im Bereich Gesundheit und Wellness ergeben sich Chancenpotentiale für frische, naturbelassene, kalorienarme Produkte, bspw. für ökologische Handelsmarken. So sucht der aufgeklärte Verbraucher durchaus den Kompromiss zwischen Gesundheit und Genuss (Mann 1994, S. 2005). Zusammenfassend kann man sagen, dass Konsumenten immer höhere Anforderungen an die Produktqualität stellen, die sowohl in funktionaler oder ökologischer Hinsicht als auch im Erlebnisnutzen zum Ausdruck kommen kann (Bruhn 2004a, S. 24).

6. Analyse des Status quo von Handelsmarken im internationalen Vergleich am Beispiel der Getränkebranche

6.1. Determinanten der Getränkebranche

6.1.1. Struktur der Getränkebranche

Laut dem sogenannten Lebensmittel- und Bedarfsgegenständegesetz werden Lebensmittel als „alle Stoffe, die dazu bestimmt sind, in unverändertem, zubereitetem oder verarbeitetem Zustand gegessen oder getrunken werden“ (Metro Group 2006, S. 126) definiert. Folglich stellt die Getränkebranche einen Teil der Lebensmittelbranche dar. Unter der Getränkebranche werden diverse Produktarten wie bspw. Spirituosen, Bier, Wein, Erfrischungsgetränke, Wasser, Fruchtsäfte, Milch, Kaffee sowie Tee subsumiert. In den im Rahmen dieser Arbeit analysierten Ländern beträgt der Pro-Kopf-Verbrauch in Liter: Deutschland (681,2 l), Frankreich (579,3 l) und Großbritannien (663,3 l) (WARC 2004, S. 159ff.) Die länderspezifische Zusammensetzung des Pro-Kopf-Verbrauchs nach Produktgruppen wird in den folgenden Abbildungen (Abb. 22 – Abb. 24) dargestellt.

Abb. 22: Pro-Kopf-Getränkekonsum Deutschland 2005

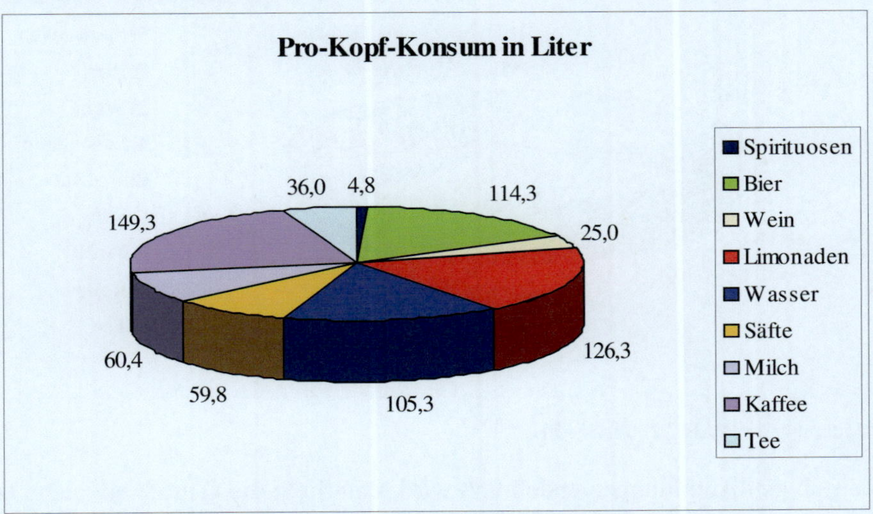

Quelle: in Anlehnung an WARC 2004, S. 160.

Abb. 23: Pro-Kopf-Getränkekonsum Frankreich 2005

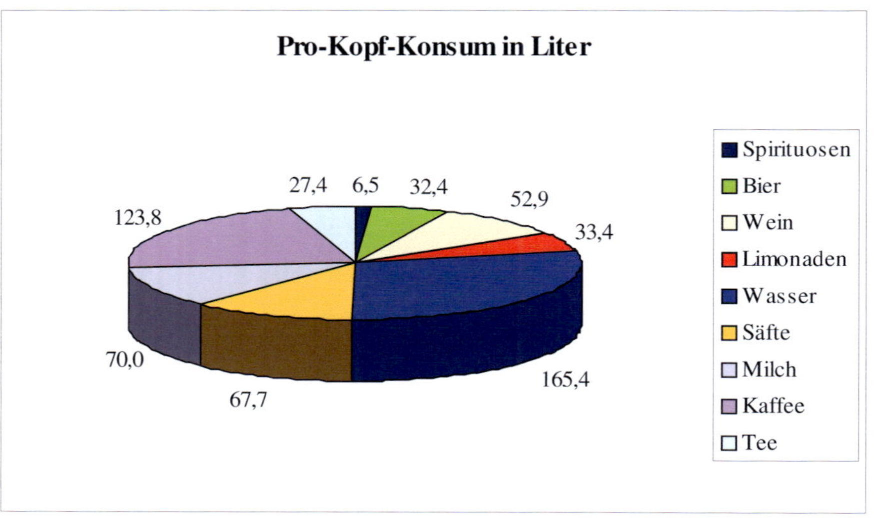

Quelle: in Anlehnung an WARC 2004, S. 159.

Abb. 24: Pro-Kopf-Getränkekonsum Großbritannien 2005

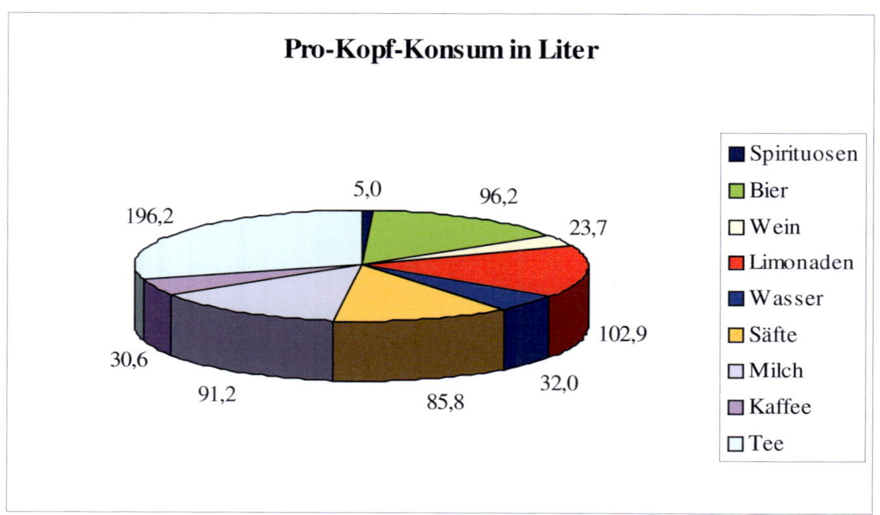

Quelle: in Anlehnung an WARC 2004, S. 171.

Wie aus den obigen Abbildungen ersichtlich wird, unterliegt die Getränkebranche kulturellen Unterschieden der Verbraucher. Zur systematischen Analyse von Handelsmarken am Beispiel der Getränkebranche wird im folgenden der Untersuchungsgegenstand auf den Bereich der alkoholfreien Getränke (AfG) eingeschränkt. Die nachfolgende Abbildung stellt im Überblick die Unterschiede des Pro-Kopf-Verbrauchs für die Produktbereiche Wasser, Fruchtsäfte und Limonaden dar.

Abb. 25: Pro-Kopf-Konsum (AfG) 2005

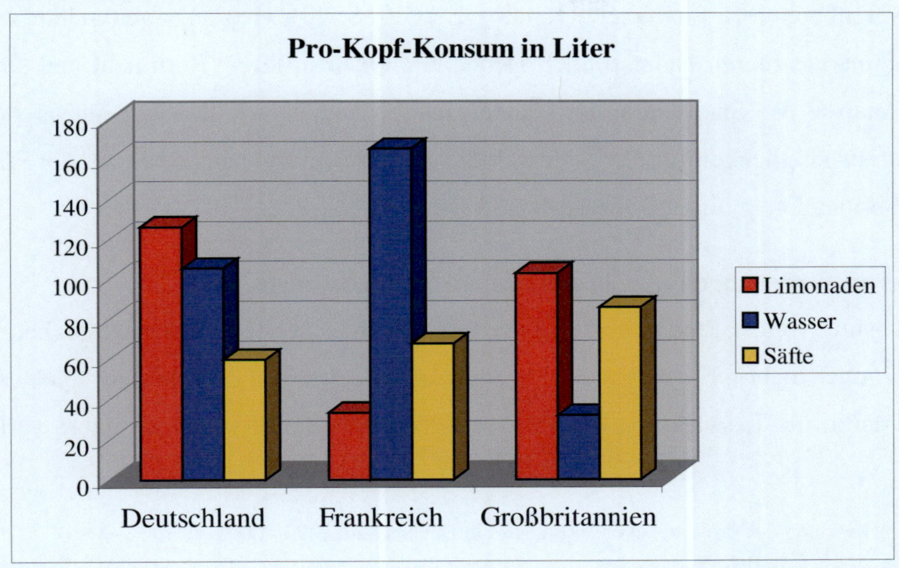

Pro-Kopf-Konsum in Liter
180
160
140
120
100
80
60
40
20
0
Deutschland
Frankreich
Großbritannien
Limonaden
Wasser
Säfte

Quelle: in Anlehnung an WARC 2004, S. 159ff.

Für die geschilderten Produktarten besteht die Möglichkeit des Vertriebs über verschiedene Kanäle.

Abb. 26: Distributionskanäle der Getränkeindustrie

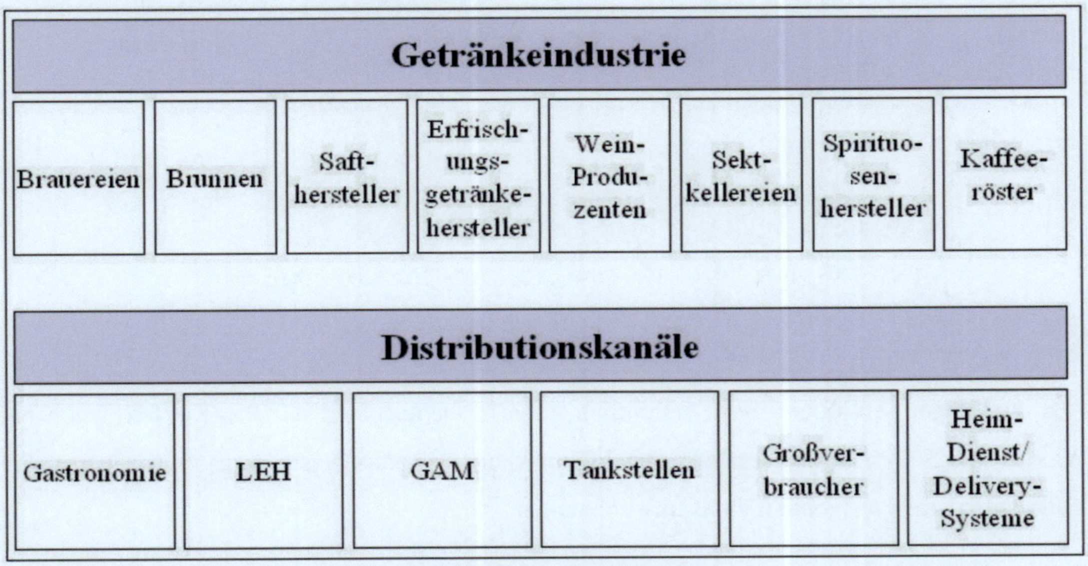

Getränkeindustrie
Brauereien
Brunnen
Saft-hersteller
Erfrisch-ungs-getränke-hersteller
Wein-Produ-zenten
Sekt-kellereien
Spirituo-sen-hersteller
Kaffee-röster
Distributionskanäle
Gastronomie
LEH
GAM
Tankstellen
Großver-braucher
Heim-Dienst/ Delivery-Systeme

Quelle: in Anlehnung an Dannenmaier/Lindebner/Saalfrank 2003, S. 34.

Von den dargestellten Distributionskanälen wird in der vorliegenden Arbeit nur der LEH betrachtet. Getränkeabholmarkt (GAM) ist in diesem Zusammenhang als Getränkefachmarkt oder Getränkefachgeschäft zu verstehen (Geßner 2001, S. 592f.). „Der Fachmarkt ist ein meist großflächiger Einzelhandelsbetrieb, der ein breites und oft auch tiefes Sortiment aus einem Warenbereich [...] anbietet" (Katalog E 2006, S. 48). Getränkeabholmärkte bzw. Getränkefachmärkte führen hauptsächlich Herstellermarken in ihrem Sortiment und sind daher für die Analyse des Status quo von Handelsmarken ungeeignet. Darüber hinaus stellen sie eine Vertriebsmöglichkeit für Getränke dar, die zwar in Deutschland, nicht aber in Frankreich und Großbritannien in dieser Form vorhanden ist.

6.1.2. Herausforderungen und Trends der Getränkebranche

Das Wachstum einiger Produktbereiche der Getränkebranche stößt in den westlichen Ländern Europas immer mehr auf eine Sättigung (Brau Beviale 2006). Die Sättigungstendenzen können u.a. durch die Entwicklung des Pro-Kopf-Konsums der letzten zehn Jahre verdeutlicht werden.

Abb. 27: Entwicklung des Pro-Kopf-Konsums (AfG) in Deutschland 1995 - 2005

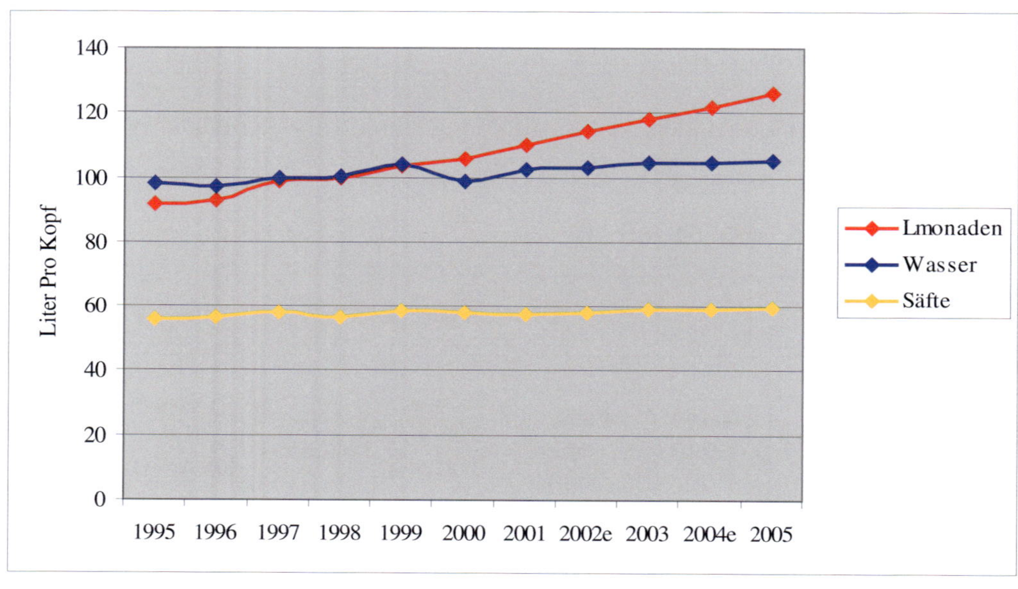

Quelle: in Anlehnung an WARC 2004, S. 160.

Aus der obigen Abbildung wird ersichtlich, dass in Deutschland der Pro-Kopf-Konsum bei Wasser und Säften in den letzten zehn Jahren kaum gewachsen ist. Dagegen kann man bei Limonaden einen steigenden Konsum beobachten.

Abb. 28: Entwicklung des Pro-Kopf-Konsums (AfG) in Frankreich 1995 - 2005

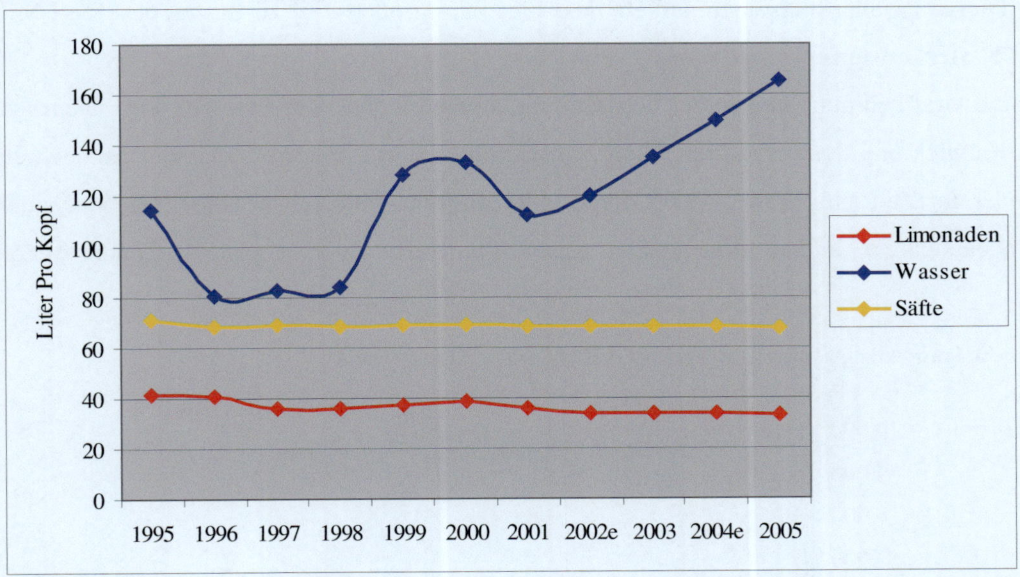

Quelle: in Anlehnung an WARC 2004, S. 159.

In Frankreich stellt sich die Entwicklung des Pro-Kopf-Konsums etwas anders dar. So kann hierzulande ein rückläufiger Pro-Kopf-Verbrauch in Bereichen Säfte und Limonaden dokumentiert werden, während der Wasserkonsum in der betrachteten Zeit um mehr als 50 Liter/Kopf gestiegen ist.

Abb. 29: Entwicklung des Pro-Kopf-Konsums (AfG) in Großbritannien 1995 - 2005

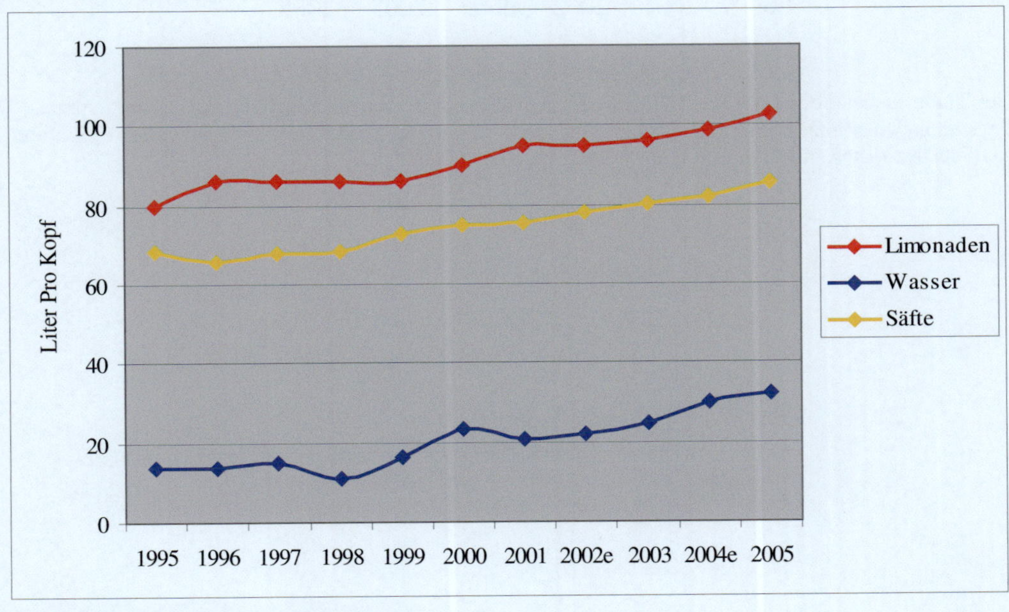

Quelle: in Anlehnung an WARC 2004, S. 171.

In Großbritannien stieg der Pro-Kopf-Konsum bei Wasser, Säften und Limonaden recht stark an. Hierzu ist allerdings anzumerken, dass dies zum großen Teil zu Lasten des Tee-, Milch- und Kaffeekonsums erfolgte (WARC 2004, S. 171)

Da die Grafiken auch den in der Gastronomie konsumierten Anteil enthält wird nachfolgend die Entwicklung der verkauften Menge an Getränken im Lebensmittelhandel der jeweiligen Länder im Zeitraum 2000 - 2005 dargestellt. Augrund unterschiedlicher Erhebungsquellen ergeben sich z.T. leichte Divergenzen, dennoch wird die zuvor dargestellte Tendenz erkennbar.

Abb. 30: Entwicklung verkaufte Menge (AfG) 2000 - 2005 in Deutschland

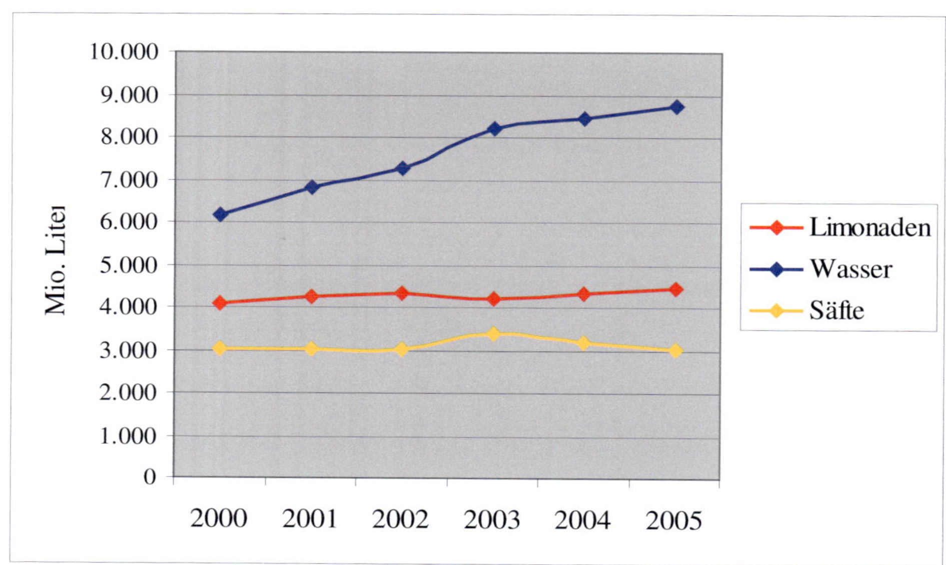

Quelle: Trade associations (WAFG, VDM, VdF), Trade press (Lebensmittelzeitung, Lebensmittelpraxis, Deutsche Getränkewirtschaft, Getränke Fachgrosshandel), Company research, Trade interviews, Euromonitor International estimates, zitiert in Euromonitor International 2006a, S. 13.

Abb. 31: Entwicklung verkaufte Menge (AfG) 2000 - 2005 in Frankreich

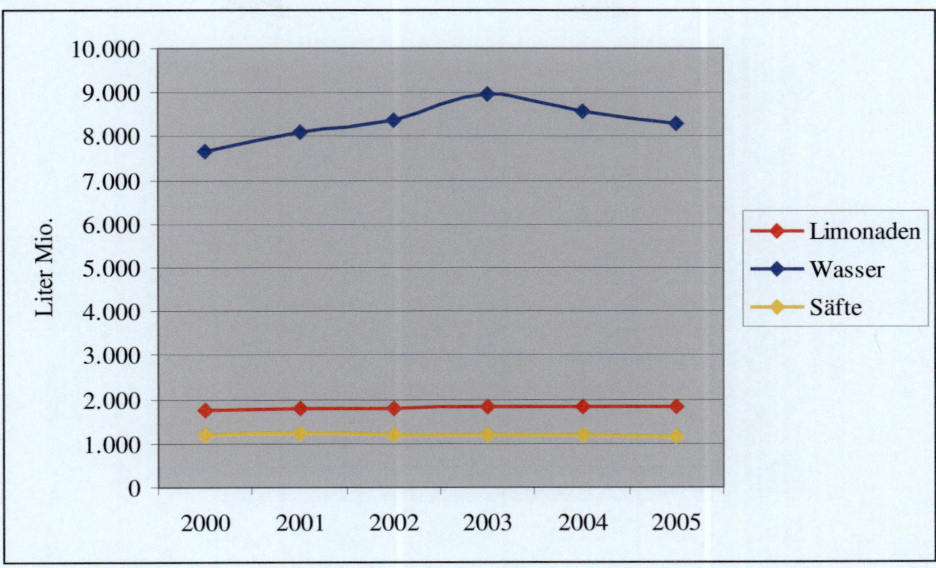

Quelle: Trade associations (Syndicat National des Fabricants de Sirop, Unijus, PLMA), trade press (LSA, Faire-SavoirFaire, Points de Vente, Boissons de France, Rayon Boissons), company research, store checks, trade interviews, Euromonitor International estimates, zitiert in Euromonitor International 2006b, S. 11.

Abb. 32: Entwicklung verkaufte Menge (AfG) 2000 - 2005 in Großbritannien

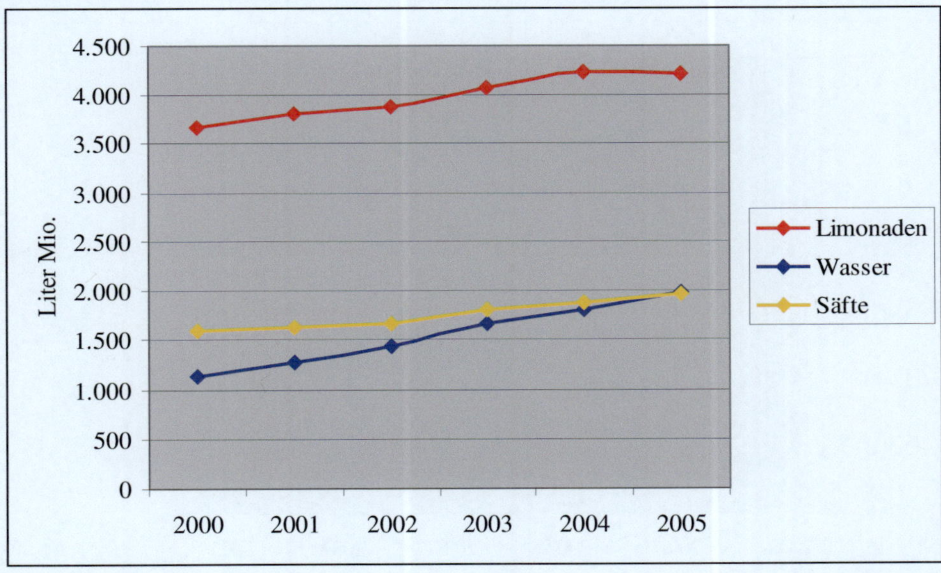

Quelle: Official Statistics, British Soft Drinks Association, Natural Mineral Water Association, Convenience Store, Checkout, The Grocer, mad.co.uk, Marketing, The Publican, Soft Drinks International, company research, store checks, trade interviews, Euromonitor International estimates, zitiert on Euromonitor International 2006c, S. 10f.

Die in den Abb. (30 - 32) dargestellten Daten bezüglich der verkauften Getränkemenge in den jeweiligen Ländern und Warengruppen korrelieren mit der Umsatzentwicklung, die für denselben Zeitraum (2000-2005) erfasst ist.

Abb. 33: Umsatzentwicklung Getränke (AfG) 2000 - 2005 in Deutschland

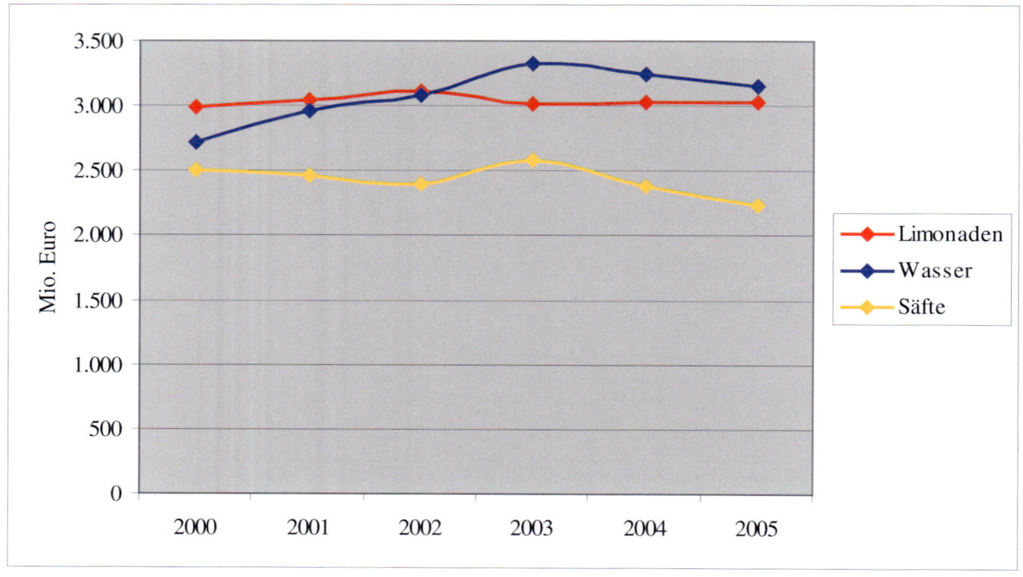

Quelle: Trade associations (WAFG, VDM, VdF), Trade press (Lebensmittelzeitung, Lebensmittelpraxis, Deutsche Getränkewirtschaft, Getränke Fachgrosshandel), Company research, Trade interviews, Euromonitor International estimates, zitiert in Euromonitor International 2006a, S. 13.

Abb. 34: Umsatzentwicklung Getränke (AfG) 2000 - 2005 in Frankreich

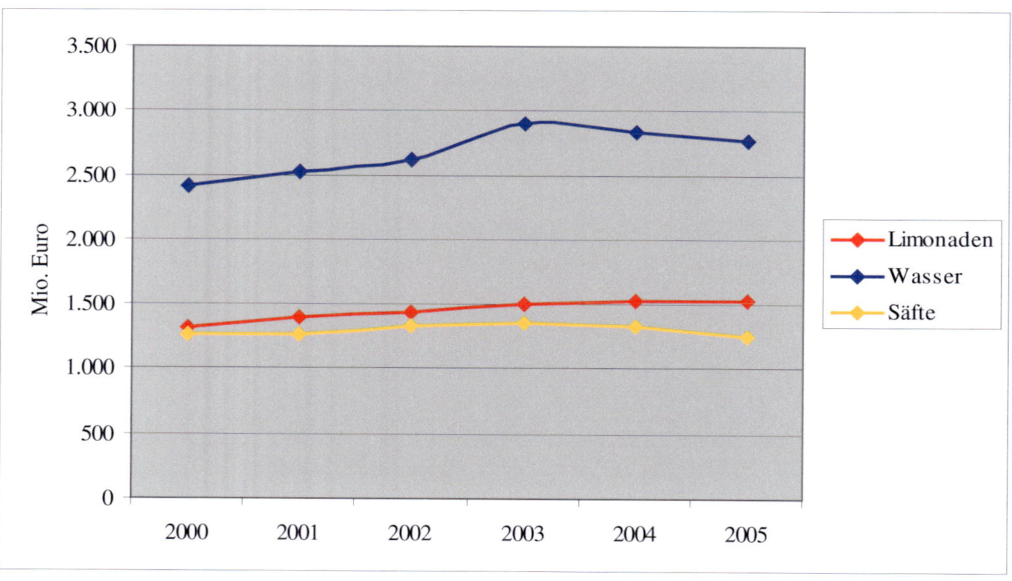

Quelle: Trade associations (Syndicat National des Fabricants de Sirop, Unijus, PLMA), trade press (LSA, Faire-SavoirFaire, Points de Vente, Boissons de France, Rayon Boissons), company research, store checks, trade interviews, Euromonitor International estimates, zitiert in Euromonitor International 2006b, S. 11f.

Abb. 35: Umsatzentwicklung Getränke (AfG) 2000 - 2005 in Großbritannien

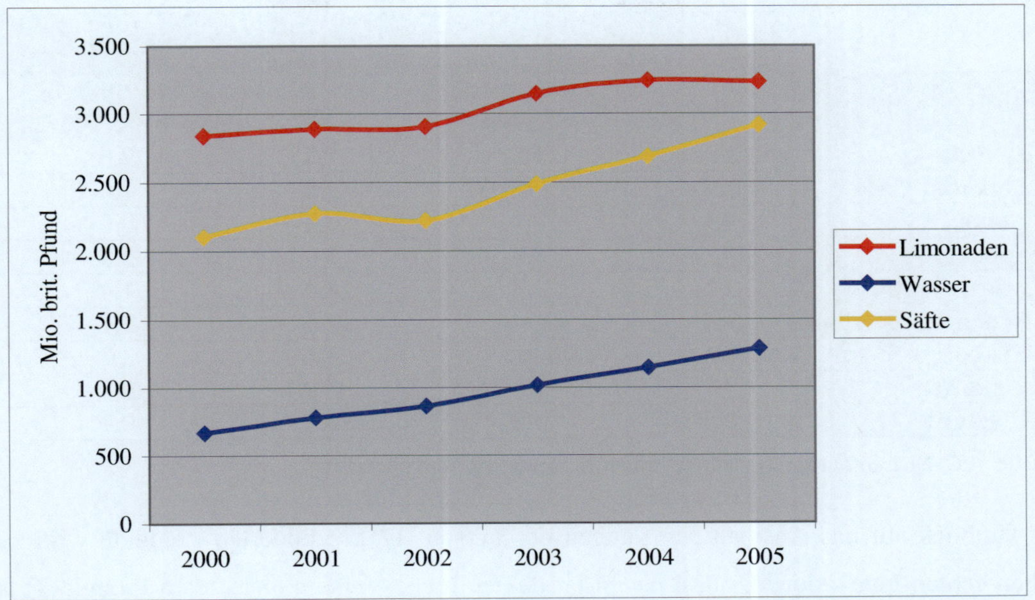

Quelle: Official Statistics, British Soft Drinks Association, Natural Mineral Water Association, Convenience Store, Checkout, The Grocer, mad.co.uk, Marketing, The Publican, Soft Drinks International, company research, store checks, trade interviews, Euromonitor International estimates, zitiert in Euromonitor International 2006c, S. 11.

Mit den vorangehenden Abbildungen konnten Sättigungstendenzen in der Getränkebranche deutlich gemacht werden.

Neben den sich abzeichnenden Sättigungstendenzen stehen Unternehmen der Markenartikelindustrie im AfG-Bereich vor weiteren Herausforderungen: verschärfter Kostendruck sowie immer kürzer werdende Produktlebenszyklen (Marketing-Marktplatz 2005). So ist bspw. der Markt für Fruchtsaftgetränke von steigenden Produktionskosten sowie steigenden Aufwendungen für die Erhaltung der Qualität betroffen. „Dabei leidet der Mittelstand unter nichtadäquaten Verbraucherpreisen und sinkenden Verbraucherzahlen“ (Marketing-Marktplatz 2006). Ferner verstärken die zunehmenden Personal-, Energie-, Transport- und Rohstoffkosten den Kostendruck vieler Hersteller (Marketing-Marktplatz 2006). Auch die Mineralwasserindustrie befindet sich im „Preisstrudel nach unten“ (Heimig 2006, S. 52).

Eine weitere Herausforderung, der sich die Getränkeindustrie stellen muss, ist die ständig steigende Anzahl an Innovationen. So wurden bspw. im Jahr 2004 32 neue Produkte im Segment der Sportgetränke auf den Markt lanciert, bei Fruchtgetränken lag die Zahl der Innovationen im selben Jahr bei 521 (Marketing-Marktplatz 2005).

Tab. 12: Anzahl an Produktinnovationen

	Anzahl Innovationen		Absatzanteil Innovationen	
Produktarten	2004	YTD 2005 (bis KW 35/2005)	2004	YTD 2005 (bis KW 35/2005)
Schorle	58	50	1,3	2,6
Flavored CSD	227	178	2,5	1,4
Colas	43	26	0,3	0,0
Sportgetränke	32	33	6,0	2,8
Energydrinks	17	10	4,4	1,4
Fruchtsaftgetränke	521	374	2,5	2,1
Eistee	69	46	3,8	3,7
Eiskaffee	12	19	17,6	9,2
Wasser	211	145	1,0	0,9

Quelle: A.C. Nielsen/Market Track 2005, zitiert in Marketing-Marktplatz 2005.

Im Hinblick auf das Ausmaß der Neuheit der in Tab. 12 geschilderten Produkte wird zwischen echten Innovationen, quasi-neuen Produkten (neue Version eines alten Produktes) und „Me-too"-Produkten unterschieden. „Während ein Großteil der Innovationen (rund 80 Prozent) „Me-too"-Produkte sind, stellen zehn Prozent quasi-neue Produkte und nur drei Prozent echte Innovationen dar" (Marketing-Marktplatz 2005). Nicht nur in Deutschland, sondern auch weltweit „rangieren [...] alkoholfreie Getränke an der Spitze neuer Produkte" (LP International 2006b, S. 12).

Mit dem steigenden Genuss- und Genusstreben der Verbraucher (vgl. Kap. 5.3.4.) macht sich in der Getränkebranche der Trend zu Wellness und gesunder Ernährung bemerkbar. "Current growth of soft drinks is mainly attributable to an increasing health consciousness among the German population, with consumers becoming increasingly aware of the importance of sufficient liquid intake" (Euromonitor International 2006a, S. 15). So ist auch Herbert Eickmeier, Marketingleiter der Döhler GmbH in Darmstadt davon überzeugt, dass „Gesundheitsbewusstein und Getränke mit einem funktionellen Zusatznutzen zu den wesentlichen Trends unserer Zeit zählen und dauerhaft Bestand haben werden" (Dietz 2006, S. 48). Als Konsequenz bieten viele Getränkehersteller eine Vielzahl von Produkten an, die einen Zusatznutzen liefern, z.B. in Bezug auf Gesundheit und Wohlbefinden, die sog. „Functional Drinks" (Marketing-Marktplatz 2005). In seinem, in der Lebensmittelzeitung jüngst erschienen Artikel „Wässer mit Geschmack liegen vorn" führt Dietz als Beispiele „Active Fresh" von Adelholzer, „sanfte Schorle" von Überkingen-Teinach sowie „Active+" von Apollinaris auf (Dietz 2006, S. 48). Der Trend sorgte bspw. in Deutschland dafür, dass das Unternehmen „Coca Cola" rund 30 % seines Absatzes in Deutschland (3,3 Milliarden Liter) mit Wasser (Bonaqua, Bonaqua fruits), Light-Soft-Drinks (Sprite Zero, Coke Zero) verdient (Dietz 2006, S. 50).

6.1.2. Bedeutung von Handelsmarken in der Getränkebranche

Für die Erreichung signifikanter Marktanteile mit Handelsmarken eignen sich insbesondere Branchen, in denen die wahrgenommenen Qualitätsunterschiede der in einer Warengruppe vorhandenen Produkte (Hoch/Banerji 1993, S. 64) sowie das wahrgenommene Kaufrisiko (Batra/Sinha 2000, S. 182ff.) gering sind. Ferner erreichen Handelsmarken hohe Marktanteile bei Produktbereichen, in denen die Sucheigenschaften gegenüber Erfahrungseigenschaften dominieren (Batra/Sinha 2000, S. 182). Die entsprechenden Produkte der Getränkebranche sind „weitgehend klar spezifiziert und in ihren Qualitäten durch gesetzliche Normen festgelegt" (Wolters 1997, S. 313). Darüber hinaus kann sich der Kunde relativ leicht über den Geschmack eines Produktes informieren, indem er es selber probiert. Das Risiko eines eventuellen Fehlkaufs ist wegen der niedrigen Preise als gering einzuschätzen. Folglich eignet sich der Getränkemarkt im besonderen Maße für die Realisierung hoher Marktanteile mit Handelsmarken. So erreichten 2005 Handelsmarkenanteile (Menge) im Bereich AfG in Deutschland 34,6 %, in Frankreich 23,6 % und in Großbritannien 48,3 % (LP International 2006a, S. 12; vgl. Abb. 10). In seiner Studie "Soft Drinks in Germany" konstatiert Euromonitor International, dass im Jahre 2005 in Deutschland das Wachstum der Branche ausschließlich von Handelsmarken initiiert wurde (Euromonitor International 2006a, S. 16). Die Handelsmarkenanteile werden als Durchschnitt aller unter dem Sortiment „Alkoholfreie Getränke" subsummierten Produktarten errechnet. Betrachtet man die Produktbereiche Limonaden, Wasser und Säfte jeweils isoliert, so ergeben sich teilweise erhebliche Unterschiede hinsichtlich der Handelsmarkenpenetration. So erreichten in Deutschland die Handelsmarkenanteile (Menge) im Jahr 2005 bei Limonaden 26,7 %, bei Wasser 23,6 % und im Bereich Säfte (Durchschnitt Frucht- und Gemüsesäfte) 68,8 % (PLMA Annuaire International 2006, S. 38f.). Ebenso in Frankreich zeigen sich z.T. erhebliche Differenzen hinsichtlich der Verbreitung von Handelsmarken in bestimmten AfG-Bereichen: während Handelsmarkenanteile bei Limonaden bei 19,0 % und im Bereich Wasser (Durchschnitt Wasser mit und ohne Kohlensäure) bei 15,25 % liegen, ist die Handelsmarkenpenetration bei Säften (Durchschnitt Frucht- und Gemüsesäfte) mit 65,1 % auch hier am höchsten (PLMA Annuaire International 2006, S. 30). In Großbritannien betragen die Handelsmarkenanteile bei Limonaden 74,9 %, im Bereich Wasser 63,3 % und bei Säften 80,1 % (PLMA Annuaire International 2006, S. 19).

6.2. Analyse des Status quo von Handelsmarken im internationalen Vergleich hinsichtlich strategischer Dimensionen

6.2.1. Überblick

Im vorliegenden Kapitel werden die Strategiedimensionen und die daraus resultierenden Strategieoptionen der Handelsmarken im internationalen Kontext verglichen (vgl. Abb. 2). Zunächst wird die unterschiedliche Bedeutung von Gattungsmarken, klassischen Handelsmarken und Premium-Handelsmarken dargestellt. Um die bestehenden Differenzen zu erklären, werden länderspezifische Einflussfaktoren analysiert. Hierbei spielen die wirtschaftlichen Rahmenbedingungen der betrachteten Länder, der horizontale Wettbewerb zwischen den Handelsunternehmen sowie die nationale Besonderheiten des Verbraucherverhaltens eine wichtige Rolle. Anschließend wird der länderspezifische Status quo von Handelsmarken hinsichtlich der Kompetenzbreite, des Markennamens und ihrer sortimentspolitischen Bedeutung dargestellt. Zum Schluss wird der aktuelle Stand von regionalen, nationalen und internationalen Handelsmarken erörtert.

6.2.2. Analyse des Status quo von Handelsmarken im internationalen Vergleich hinsichtlich der Kompetenzhöhe

In **Deutschland** werden im Getränkesortiment des klassischen LEH zum großen Teil **Gattungsmarken** angeboten. Sie erfüllen in ihrer Produktkategorie jeweils nur die qualitativen Mindestanforderungen und sind durch eine bewusst schlicht gehaltene Verpackung gekennzeichnet (Nieschlag/Dichtl/Hörschgen 2002, S. 245). Sie besetzen das Preiseinstiegssegment, wobei ihr Preisniveau bis zu 50 % unter dem der Herstellermarken liegt (Euromonitor International 2006a, S. 16).

Auch die **klassischen Handelsmarken** finden eine weite Verbreitung in der deutschen Getränkebranche. Sie streben ein Qualitätsniveau an, welches mit den klassischen Herstellermarken vergleichbar ist („Äquivalenzmarken"), zeichnen sich aber durch einen deutlichen Preisvorteil gegenüber Herstellermarken aus (Meffert 2000a, S. 872). Hierzulande sind sie meist im unteren bis mittleren Preissegment angesiedelt, wobei die Preise 10 % bis 15 % über dem Preisniveau von Gattungsmarken und ca. 30 % bis 40 % unter dem Preisniveau der Herstellermarken liegt. Die in Deutschland beobachtbare „Sonderangebots-Aktionitis" sorgt dafür, dass führende Herstellermarken oft zu einem niedrigeren Preis als der „Normalpreis" angeboten werden. Infolge dessen vermindert sich der Preisunterschied zwischen den Herstellermarken und den klassischen Handelsmarken. Für den deutschen Verbraucher verschwindet somit der finanzielle Anreiz, eine im mittleren Preissegment positionierte Handelsmarke zu kaufen. Als Konsequenz sind hierzulande im Getränkebereich die klassischen Handelsmarken weniger stark präsent als z.B. in Frankreich.

Die **Premium-Handelsmarken** sind im deutschen Getränkemarkt noch unterrepräsentiert. Zwar ist ihr Anteil am Gesamtsortiment in den letzten Jahren leicht gestiegen, dennoch ist dieser, bspw. im Vergleich zu Großbritannien, gering. Bei diesen Marken gibt es in Deutschland noch große Wachstumschancen.

Die Handelsmarken im **französischen** Getränkesektor lassen sich hinsichtlich ihrer Kompetenzhöhe in zwei Gruppen unterteilen: Zum einen in ein Preiseinstiegssegment (sog. „MDD 1er prix“) und zum anderen in ein mittleres Preissegment (sog. „MDD classiques“). Im Gegensatz zu Deutschland beträgt jedoch der Umsatzanteil der **Gattungsmarken** im nichtdistontierenden LEH (Hyper- und Supermärkte) weniger als 5 %. Am stärksten sind hierzulande die **klassischen Handelsmarken** vertreten, die etwa 20 % des gesamten Umsatzes ausmachen. Der Unterschied zu Deutschland liegt darin begründet, dass französische Handelsunternehmen die für Deutschland so typischen, Sonderangebotsaktionen nicht durchsetzen dürfen (Stand Ende 2005). Denn das sog. „Loi Galland“ verbietet es den Handelsunternehmen, Herstellermarken unter einem festgelegten Mindestpreis anzubieten (Planet Retail 2006b, S. 8). Somit sind die Preisunterschiede zwischen den klassischen Handelsmarken und Herstellermarken relativ hoch, so dass für französische Konsumenten ein finanzieller Anreiz für den Kauf von den im mittleren Segment positionierten Handelsmarken besteht. **Premium-Handelsmarken** stellen aktuell, ähnlich wie in Deutschland, noch eine Nische dar.

Hinsichtlich der Kompetenzhöhe der Handelsmarken in **Großbritannien** ist zu beobachten, dass im Getränkebereich alle Preislagen und Qualitätsniveaus vorhanden sind. In unterem **(Gattungsmarken)** und mittlerem Preissegment **(klassische Handelsmarken)** angebotene Handelsmarken sind v.a. durch große Preisabstände zu den führenden Herstellermarken erfolgreich. „The huge price difference between private label carbonates and branded offerings means that private label products remain a popular choice among families with children. Private label, especially in a two-litre format, is benefiting from consumers trying to save costs by bulk buying private label” (Euromonitor International 2006c, S. 33). Im Gegensatz zu Deutschland und Frankreich finden hierzulande die **Premium-Handelsmarken** eine deutlich weitere Verbreitung. So bietet z.B. das Handelsunternehmen „Marks & Spencer“ ein Nahrungsmittelsortiment an, welches die qualitativen Ansprüche vieler Herstellermarken übertrifft. Der Anteil an Nahrungsmitteln macht 40 % des Gesamtsortiments aus. Alle Produkte sind von hoher Qualität, mit hohem Wert, eher hochpreisig und zielen auf wohlhabende Verbraucher ab (Jary/Schneider/Wileman 1999, S. 42f.). Ebenso vertreibt das Handelsunter-

nehmen „Tesco“ unter dem Label „Tesco finest“ hochqualitative und etwas höherpreisige Getränke, bei denen es sich meistens um sog. „Functional Drinks“ handelt.
Um die geschilderten Unterschiede zu erklären, werden nachfolgend die hierauf einflussnehmenden Faktoren analysiert.

6.2.3. Länderspezifische Einflussfaktoren auf den Status quo von Handelsmarken hinsichtlich der Kompetenzhöhe

6.2.3.1. Umfeldbezogene Faktoren

Aus der Reihe der im Kapitel 5.2.2. diskutierten umfeldbezogenen Faktoren bedingt die gesamtwirtschaftliche Entwicklung das unterschiedliche Verhalten marktspezifischer Teilnehmer der betrachteten Länder. Daher erfolgt an dieser Stelle ein länderspezifischer Vergleich einiger ökonomischer Indikatoren, um mögliche Hinweise auf die Differenzen bezüglich des Handels-, Hersteller- und Konsumentenverhaltens zu identifizieren und somit den unterschiedlichen Status quo von Handelsmarken hinsichtlich ihrer Preis-Qualität-Positionierung zu erklären.
Deutschland, Frankreich und Großbritannien zählen zu den größten Industrienationen der Welt. Dennoch ergeben sich bei einer detaillierten Länderbetrachtung Divergenzen hinsichtlich einiger wirtschaftlicher Indikatoren.

Tab. 13: Ökonomische Indikatoren

Indikator / Land	Jahr	Deutschland	Frankreich	Großbritannien
Bevölkerung (Mio.)	2004	82,42	60,42	60,27
	2005	82,43	60,66	60,44
BIP (in US-$)	2004	2.741.523	2.057.691	2.154.654
	2005	2.785.477	2.212.951	2.226.593
BIP/Kopf (in US-$)	2004	33.261	34.054	35.750
	2005	33.791	34.983	36.839
BIP-Wachstum (nominal in %)	2004	2,1	3,8	6,0
	2005	1,5	3,0	4,1
BIP-Wachstum (real in %)	2004	1,2	2,3	1,3
	2005	0,9	1,9	2,0
Inflationsrate (in %)	2004	1,7	2,3	1,3
	2005	2,0	1,9	2,0
Konsumausgaben (Mio. US-$)	2004	1.619.923	1.148.056	1.393.085
	2005	1.666.885	1.183.342	1.434.735
Konsumausgaben pro Kopf (in US-$)	2004	19.653	19.000	23.114
	2005	20.221	19.509	23.738

Quelle: in Anlehnung an Planet Retail 2006a, S. 4; Planet Retail 2006b, S.4; Planet Retail 2006c, S. 4.

Deutschland erholt sich langsam von der im Jahre 1998 eingetretenen wirtschaftlichen Rezession. In 2002/03 lag das Wirtschaftswachstum nahe bei 0 %. In 2004 setzte ein leichter Aufwärtstrend durch (vgl. Tab. 13). Zudem ist die deutsche Wirtschaft durch eine hohe Arbeitslosigkeit gekennzeichnet. Die Arbeitslosenquote betrug 2005 ca. 8 % in West- und ca. 18 % in Ostdeutschland (Planet Retail 2006a, S 4). Ferner tragen inflationäre Entwicklungen der Preise für Energie und Wohnungsmieten zur Verteilungsveränderung der Konsumausgaben für Güter des täglichen Bedarfs bei.

Abb. 36: Verteilung der Konsumausgaben der privaten Haushalte von 1995 bis 2005 in Deutschland

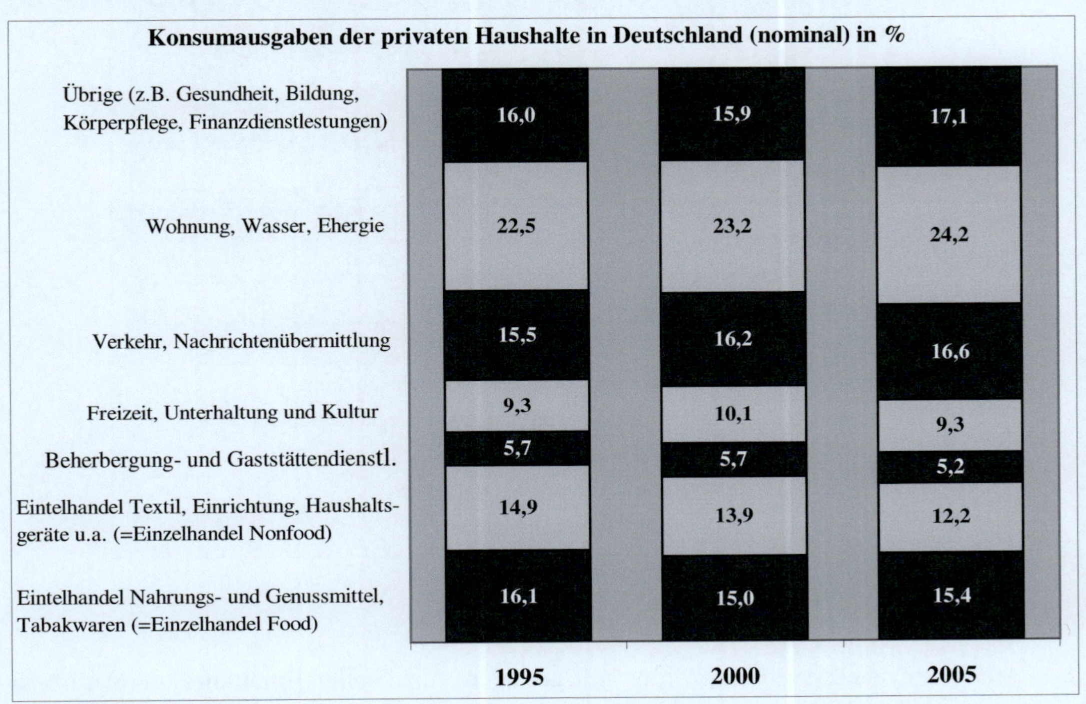

Quelle: Metro Group 2006, S. 3.

Die in der Abb. 36 illustrierten Daten lassen erkennen, dass Wohnen, Energie, Freizeit, Unterhaltung und Kultur einen immer größeren Anteil an den gesamten Konsumausgaben einnehmen (KPMG/EHI 2004 S. 46), während sich die Ausgaben für Nahrungsmittel und Güter des täglichen Bedarfs, trotz des gesunkenen Preisniveaus (Lindenberg 2004, S. 1975) im betrachteten Zeitraum vermindert haben.

In Frankreich wird ein schleppendes Wirtschaftswachstum von 2 % konstatiert, das durch Steuererhöhungen in 2005 auf 1,5 % gesunken ist. Ähnlich wie Deutschland, ist die französische Wirtschaft von hoher Arbeitslosenquote beeinflusst, die 2004 ca. 10 % betrug (Planet Retail 2006b, S 4).

In Großbritannien stellt sich die wirtschaftliche Lage etwas besser dar, da das Wirtschaftswachstum bei ca. 2 % und darüber liegt (Planet Retail 2006c, S. 4). Die Arbeitslosenquote ist nur halb so hoch wie in Frankreich (Planet Retail 2006b, S. 4).

Die diskutierten wirtschaftlichen Indikatoren beeinflussen generell die finanzielle Situation der Verbraucher.

Abb. 37: Finanzielle Situation der Bevölkerung in europäischen Ländern

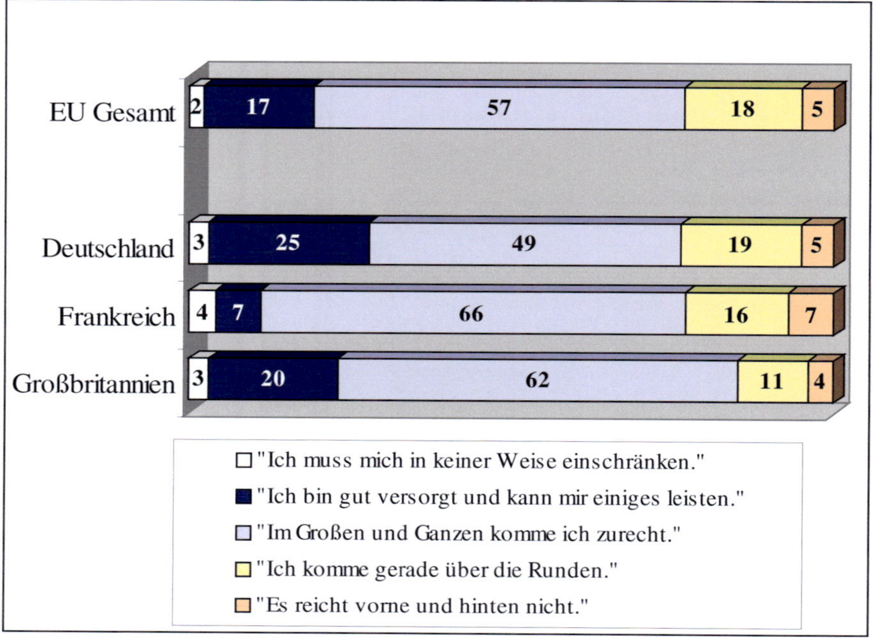

Quelle: Metro Group 2006, S. 42

„Der Anteil der deutschen Bevölkerung mit geringem finanziellen Spielraum ist im europäischen Vergleich überdurchschnittlich hoch. Etwa ein Viertel der Deutschen klagt über finanzielle Probleme“ (Metro Group 2006, S. 42).“ The economy has seen low consumer spending due the ongoing troubles that have scared people into saving money rather than spending it” (Planet Retail 2006a, S. 4). Dies wird mit der nachfolgenden Abbildung unterstrichen.

Abb. 38: Spar- und Konsumverhalten in Europa

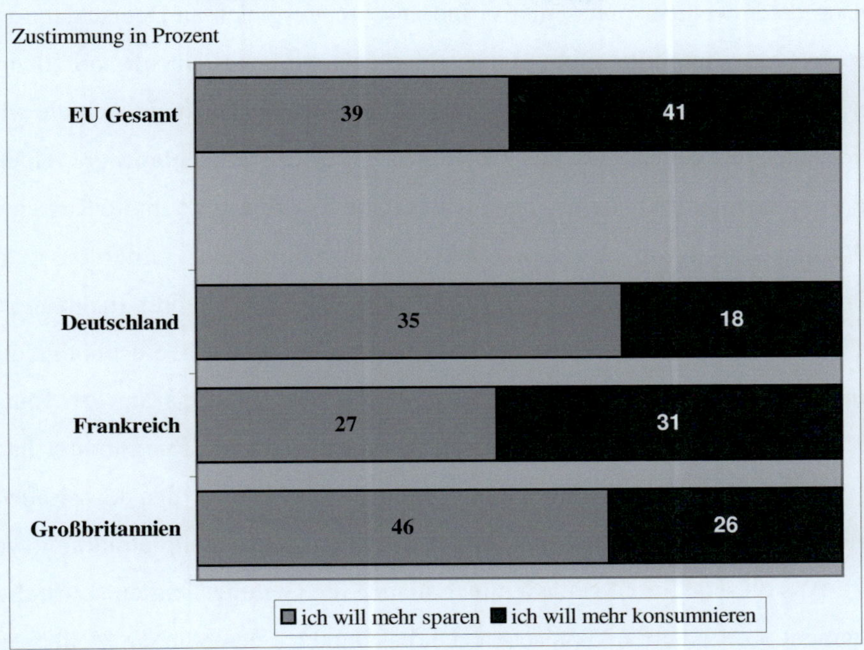

Quelle: LP International 2006d, S. 8.

Die gesamtwirtschaftlichen Rahmenbedingungen in **Deutschland** führen zur Verunsicherung der Konsumenten. Diese reagieren hierauf mit einer höheren Sparquote und einer zunehmenden Preissensibilität.(Otto 2005, S. 48). „Rückläufige disponible Einkommen zwingen den Verbraucher in rezessiven Phasen des Konjunkturzyklus verstärkt zu ökonomisch rationalem Verhalten. Bei der Kaufentscheidung steht dann der Preis der Marken im Vordergrund“ (Huber 1988, S. 82). Im Kapitel 5.1. dieser Arbeit wurde diskutiert, dass der Zusammenhang zwischen einem schwierigen wirtschaftlichem Umfeld und steigenden Handelsmarkenanteilen nicht verallgemeinert werden darf, da hierbei die Premium-Handelsmarken außer Acht gelassen werden. Dennoch kann eine gewisse Parallelität zwischen dem Stellenwert der Gattungsmarken und der wirtschaftlichen Lage eines Landes festgestellt werden. Der hohe Anteil an Gattungsmarken im Getränkesektor im Vergleich zu Frankreich und Großbritannien liegt u.a. darin begründet, dass sich der deutsche Konsument durch eine hohe Preissensibilität auszeichnet.

Auch in **Frankreich** lässt sich der hohe Anteil an klassischen Handelsmarken, die im unteren bis mittleren Preissegment positioniert sind, durch die aufgezeigte wirtschaftliche Lage erklären. „Consumers are becoming more price sensitive and more consumers are favoring economy lines to higher priced branded goods” (Planet Retail 2006b, S. 5).

In **Großbritannien** wird die wirtschaftliche Situation als stabil angesehen, weshalb die britischen Konsumenten weniger preissensitiv sind und, im Vergleich zu Deutschland und Frankreich, einen größeren Anteil Premium-Handelsmarken erwerben (Planet Retail 2006c, S. 2.). Neben den Auswirkungen auf die Preissensibilität der Verbraucher wirkt sich die wirtschaftliche Situation auch auf den Handel aus. So sorgen bspw. in **Deutschland** die fehlenden konjunkturellen Impulse seit 2002 dafür, dass „nur noch jeder dritte Euro in die Kassen der Händler" (KPMG/EHI 2004 S. 46) wandert. Ebenfalls konstatiert Metro Group dass, „der Anteil der privaten Konsumausgaben, der in den Einzelhandel fließt, seit Jahren rückläufig ist" (Metro Group 2006, S. 3). „Retail in Germany has been marked by the bad economic climate and strong competition between supermarkets and discounters. Margins are low, but price increases for branded products will not accepted by the consumers" (Euromonitor International 2006a, S. 39). Diese Rahmenbedingungen führen dazu, dass für den klassischen LEH in Deutschland die Strategie der Preisprofilierung eine dominante Rolle einnimmt (vgl. Tab. 6 und Tab. 7). Aus diesem Grund genießen hierzulande die Gattungsmarken sowie die im unteren Preissegment positionierten klassischen Handelsmarken einen höheren Stellenwert.
Die **französische** Handelslandschaft ist von der gesamtökonomischen Entwicklung ähnlicher Weise wie in Deutschland tangiert. Auch hier ist das wirtschaftliche Umfeld des LEH in letzten Jahren schwieriger geworden (Planet Retail 2006b, S. 5). Nahezu alle Lebensmittelhändler änderten ihre Strategie in Bezug auf die Preispositionierung und die der Handelsmarken. Dies war eine Folge auf die immer populärer werdenden Discounter (Planet Retail 2006b, S. 8).
Die stabile politische und wirtschaftliche Lage Großbritanniens kombiniert mit einer niedrigen Arbeitslosenquote
In **Großbritannien** herrscht eine stabile politische und wirtschaftliche Lage in Verbindung mit niedrigen Zinssätzen und hoher Erwerbsquote. Dies stellt positive Rahmenbedingungen für den Lebensmittelhandel dar (Planet Retail 2006c, S. 2). "Die Profitabilität britischer Handelsunternehmen ist auch bedingt durch eine im europäischen Vergleich unterdurchschnittliche Steuerbelastung, [...], ein effizientes Beschaffungswesen bei hoher Handelskonzentration, leistungsfähige Distributionssysteme, weitreichende Nutzung von Management-Informationssystemen sowie durch das [...] höhere Preisniveau und die geringen Discounteranteile" (Dumke 1996, S. 47f.). Im horizontalen Wettbewerb spielen für die britischen Lebensmitteleinzelhändler, im Gegensatz zu Deutschland und Frankreich, Aspekte wie Qualität und Image eine tragende Rolle (vgl. Tab. 6 und Tab. 7). Folglich wird hierzulande im Rahmen der Handelsmarkenpolitik Schwerpunkte auf den Aufbau höherwertiger Handelsmarken gelegt (Dumke 1996, S. 47), weshalb die Premium-Handelsmarken weit verbreitet sind.

Mit den dargestellten wirtschaftlichen Rahmenbedingungen konnte aufgezeigt werden, in welchem Maße sie das Verhalten der Verbraucher und des Handels bestimmen und somit den uneinheitlichen Status der Strategiedimensionen von Handelsmarken beeinflussen. Grundsätzlich ist festzustellen, dass die Bedeutung der jeweiligen Erscheinungsform der Handelsmarke wesentlich von den Marktteilnehmern des Handels in einem bestimmten Ländermarkt geprägt wird. „Es bestehen erhebliche Unterschiede in der Handelsstruktur der einzelnen Märkte, die sich auf das Verhältnis zwischen Hersteller- und Handelsmarken" (Wolters 1997, S. 303) sowie auf den Stellenwert der Handelsmarkentypen auswirken.

6.2.3.2. Handelsbezogene Faktoren

„Die Situation der Handelsmarken in den einzelnen Ländern ist letztlich ein Ausdruck der Entwicklung und Stellung von Handelsbetriebstypen" (Bruhn 2006, S. 638). „Als Betriebstyp bezeichnet man eine Gruppe von Handelsbetrieben mit gleichen oder ähnlichen Merkmalsausprägungen" (Katalog E 2006, S. 22). Von besonderer Bedeutung ist für die vorliegende Arbeit die Betrachtung des Betriebstypen „Discounter".

Die Discountstrategie wird, neben der preisaggressiven Preispolitik, durch ein begrenztes Sortiment an Waren und Dienstleistungen charakterisiert (Katalog E 2006, S. 44). Die Niedrigpreisstrategie kann durch den weitestgehenden Verzicht auf Nebenleistungen wie bspw. Kundendienst, Bedienung und sonstige Dienstleistungen oder anspruchsvolle Geschäftsausstattung realisiert werden. Da es sich bei dem Großteil der Discounter um Filialsysteme handelt, ist es für sie möglich, große Einkaufsvolumina für ihre Artikel zu realisieren und somit günstige Einkaufskonditionen zu erhalten (Liebmann/Zentes 2001, S. 382f.). „So können auch hochwertige Produkte oft preiswerter als Markenartikel angeboten werden" (LP 2005b, S. 11). Dieser Betriebstyp ist am weitesten im Lebensmittelhandel verbreitet (Metro Group 2006, S. 87). Bezüglich ihrer Marktanteile am gesamten LEH weisen Discounter innerhalb Europas erhebliche Unterschiede auf.

Abb. 39: Discounter-Marktanteile in Europa

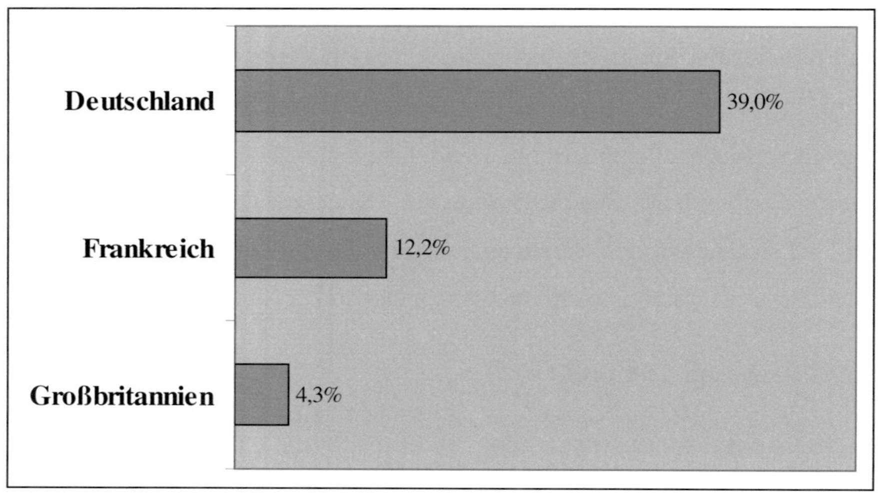

Quelle: GfK / REGAL, zitiert in LP International 2006e, S. 9.

Der hohe Discountermarktanteil in Deutschland korreliert mit der von A.C. Nielsen festgestellten Tatsache, dass in Deutschland mehr als 50 % der befragten Konsumenten den Discounter als ihre „wichtigste Einkaufsquelle für die Güter des täglichen Bedarfs" (LP International 2005b, S. 9) nannten.

Abb. 40: Discounter als Stammgeschäft

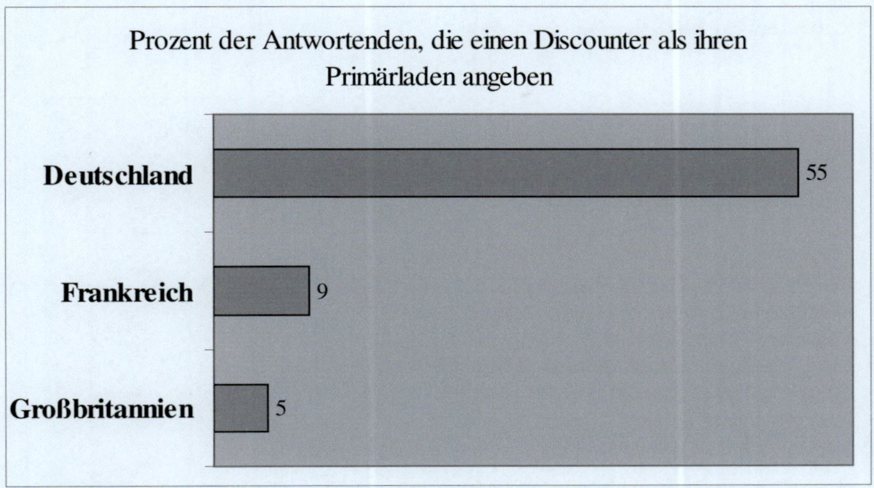

Quelle: A.C. Nielsen/Goldman Sachs/IGD zitiert in LP International 2005b, S. 11.

Als Hauptgrund für die starke Akzeptanz von Discountern bei den deutschen Verbrauchern sehen die Verfasser der KPMG-Studie „No-Names von gestern – Markttreiber von morgen?" die stark ausgeprägte Preissensibilität der deutschen Konsumenten infolge der schwierigen gesamtwirtschaftlichen Situation. „Die Verbraucher in Großbritannien hingegen sind weniger preisorientiert und bevorzugen stattdessen einen kundenorientierten Service" (KPMG 2003a, S. 2). Weitere Gründe für eine geringere Akzeptanz der Discounter in Großbritannien sind in der nachfolgenden Abbildung dargestellt.

Abb. 41: Gründe, warum in Großbritannien nicht beim Discounter gekauft wird

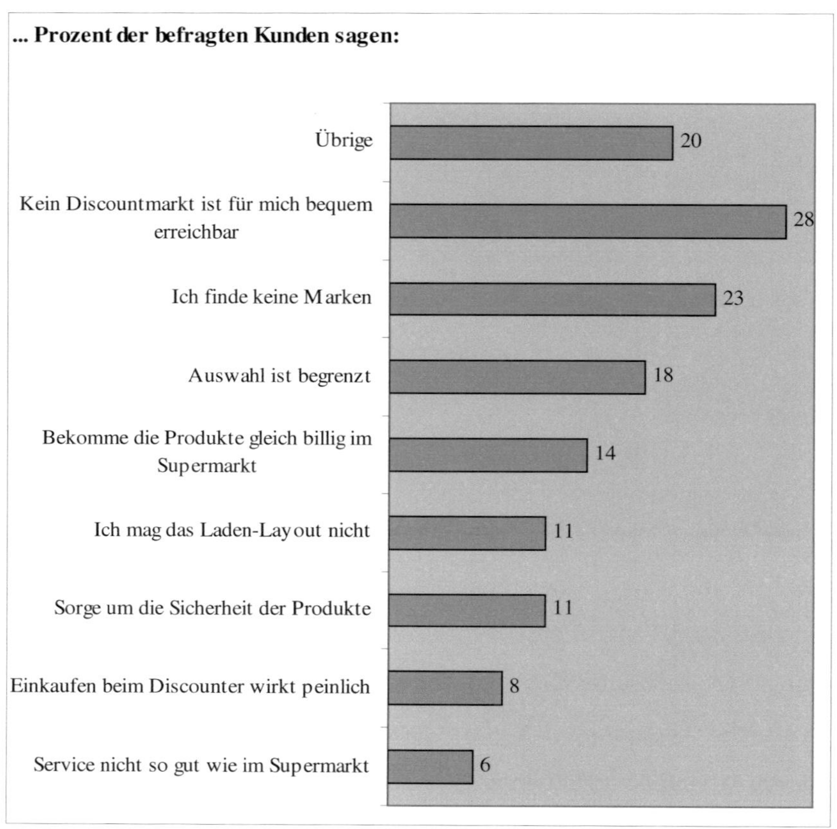

Quelle: LP International 2004c, S. 2

Die Stärke des horizontalen Wettbewerbs zwischen Discountern und dem klassischen (nicht-discountierenden) LEH wirkt sich auf den länderspezifischen Stellenwert der Gattungsmarken, klassischen Handelsmarken und Premium-Handelsmarken aus (KPMG 2003a, S. 2f.). So sind in Deutschland die Gattungsmarken erfolgreicher als in Frankreich und Großbritannien, da hierzulande der klassische LEH sein Engagement im Niedrigpreis-Segment stärker ausbaut, „um sich dadurch im [Preis-]Kampf insbesondere gegen Aldi zu wappnen" (Nieschlag/Dichtl/Hörschgen 2002, S. 245). In Frankreich ist der Preiswettbewerb weniger stark ausgeprägt als in Deutschland, so dass hier die klassischen Handelsmarken, die primär der Sortimentsdifferenzierung dienen, eine weitere Verbreitung finden. In Großbritannien ist der LEH aktuell wenig von der Discounterentwicklung tangiert, so dass hierzulande die Preisprofilierung der Handelunternehmen eine untergeordnete Rolle spielt. Das Bemühen der britischen Lebensmitteleinzelhändler besteht vordergründig darin, sich durch ein qualitativ hochwertiges und innovatives Sortiment zu differenzieren, wodurch die klassischen Handelsmarken im mittleren bis oberen Preissegment sowie die Premium-Handelsmarken erfolgreich sind.

6.2.3.3. Konsumentenbezogene Faktoren

Neben den umfeldbezogenen (wirtschaftlichen) und handelsbezogenen Faktoren bedingen einige kundenbezogene Faktoren den unterschiedlichen Status quo von Handelsmarken hinsichtlich ihrer Kompetenzhöhe. Hierbei spielt insbesondere das Preis-Qualitätsbewusstsein und die Hybridität der Verbraucher eine wichtige Rolle.

"Reale Einkommensverluste bzw. nur geringe Steigerungen in Verbindung mit dem Wunsch, bestehende Konsumstandards beizubehalten, erhöhen in der Tendenz die Preisorientierung bei der Produktwahl" (Meffert 2000b, S. 153). Im europäischen Vergleich ist Deutschland das preissensibelste Land. „Allerdings ist die Erziehung zur ausschließlichen Kaufentscheidung über den Preis auch vom Handel selbst gefördert worden" (KPMG/EHI 2004, S. 5), wobei andere wichtige Faktoren wie die Differenzierung über die Produktqualität sowie die Servicekomponente stark vernachlässigt wurden. „So wird die Zielgruppe der Schnäppchenjäger zwar „spitz" angesprochen, jedoch werden weder Qualitätskäufer noch Smart Shopper zielgruppenadäquat adressiert" (KPMG/EHI 2004, S. 5). Der Anteil der ausgeprägt preisorientierten Konsumenten, sog. „Schnäppchenjäger", beträgt in Deutschland bei den täglichen Verbrauchsgütern laut Grey 35 %.Daneben gibt es nach wie vor eine große Gruppe der „Qualitätskäufer", die bei 36 % liegt (Esch/Wicke/Rempel 2005, S. 22). „Bei dieser Kundengruppe spielt der Preis eine untergeordnete Rolle und die Betonung liegt auf der Leistungsseite" (Meffert 2000b, S. 153). Eine dritte große Konsumentengruppe, die sog. „Smart Shopper" (29 %), zeichnet sich durch eine gleichzeitige Preis- und Qualitätsorientierung aus (Esch/Wicke/Rempel 2005, S. 22).

Abb. 42: Der deutsche Kunde - eine Klassifizierung

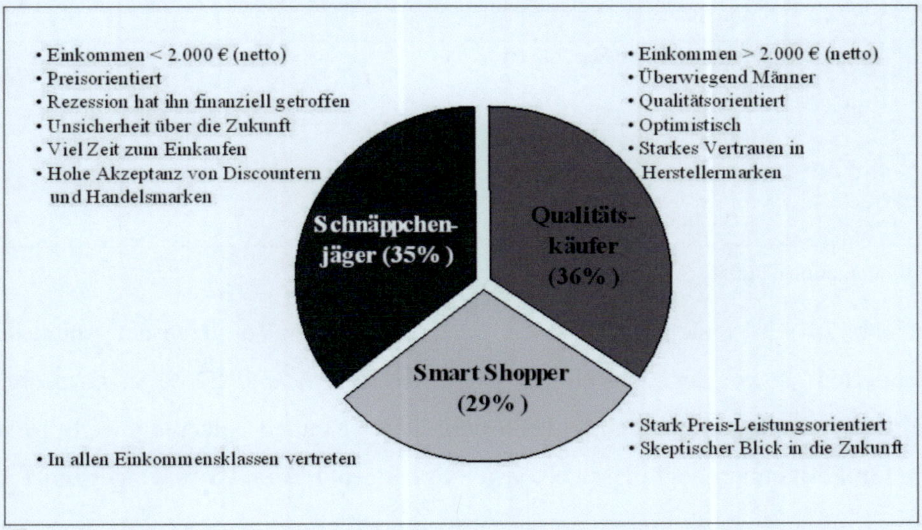

Quelle: KPMG 2005, S. 6.

Alle drei Käufergruppen implizieren Chancen für Handelsmarken. Zum einen begünstigt die Käuferschicht der preisorientierten „Schnäppchenjäger" die Gattungsmarken, zum anderen wachsen die Chancen für die Premium-Handelsmarken durch die „Qualitätskäufer". Die dritte Konsumentengruppe, der Preis- und Qualitätsorientierten („Smart Shopper") bietet generell sehr großes Potential für die Handelsmarken, da diese über ein ausgesprochen gutes Preis-Leistungs-Verhältnis verfügen.

Die aufgezeigte Kundensegmentierung bezieht sich ausschließlich auf die deutsche Konsumbevölkerung. Um die nationalen Besonderheiten der Akzeptanz von Gattungsmarken, klassischen Handelsmarken und Premium-Handelsmarken seitens der Verbraucher zu verdeutlichen, müssen die Käufertypen in Frankreich und Großbritannien klassifiziert werden. Hierzu hat die Unternehmensberatung „Mc Kinsey" europaweit eine länderspezifische Kundensegmentierung durchgeführt, bei der sieben Kundengruppen identifiziert werden.

Tab. 14: Bedeutung der Kundensegmente in Europa

		Land		
Kundensegment	**Erläuterungen**	**Deutschland**	**Frankreich**	**Großbritannien**
Rein Preisorientierte	Typischer Discount-Kunde: Wert = Preis	27	14	4
Wertjäger	Sucht in verschiedenen Läden den besten Preis	22	8	8
Wertloyalisten	Vertrauen in Stammgeschäft; nur dort auf Schnäppchenjagd	8	23	7
Desinteressierter Kunde	Will schnell und günstig einkaufen	11	11	23
Anspruchsvoller Kunde	Sucht das „Beste" möglichst zum Sonderpreis	9	8	17
Schnelligkeit und Qualität	Zahlt für Qualität gerne etwas mehr	14	27	10
Rein Premium-orientierte	Ist Marken- und Ladentreu, bereit, für Qualität und Service mehr zu bezahlen	9	9	31

Quelle: LP International 2005b, S. 10.

Aus der Tab. 14 wird ersichtlich, dass bei dem Drei-Länder-Vergleich der Anteil der „rein preisorientierten" sowie der „Wertjäger" mit jeweils 27 % und 22 % in Deutschland am höchsten liegen. In Frankreich beträgt der Anteil dieser Kundensegmente jeweils 14 % und 8 % und in Großbritannien liegt dieser bei jeweils geringen 4 % und 8 %. Dagegen ist in Großbritannien das Segment der „rein premiumorientierten" Konsumenten mit 31 % am stärksten ausgeprägt.

Diese Kundensegmentierung verdeutlicht die bereits erwähnte Bedeutung der einzelnen Handelsmarkentypen im jeweiligen Land.

6.2.4. Analyse des Status quo von Handelsmarken im internationalen Vergleich hinsichtlich der Kompetenzbreite, des Markennamens und der Sortimentsbedeutung

Die Analyse der Handelsmarken hinsichtlich ihrer Kompetenzbreite, des Markennamens und der Sortimentsbedeutung, verbunden mit dem zuvor diskutierten unterschiedlichen Status quo hinsichtlich der Kompetenzhöhe, zeigt, dass auch hierbei länderspezifische Differenzen vorliegen. Dabei ist allerdings anzumerken, dass sich eine systematische Analyse des Status quo hinsichtlich dieser Strategiedimensionen als recht schwierig erweist. Denn in der einschlägigen Literatur wird ein eindeutiger Fokus auf die Dimension der Kompetenzhöhe gelegt. Die Erscheinungsformen von Handelsmarken hinsichtlich der Kompetenzbreite sowie die Bedeutung des Markennamens und die sortimentspolitische Akzentuierung werden nur tangiert. Zudem wird die Untersuchung dadurch erschwert, dass selbst innerhalb desselben Ländermarktes und derselben Betriebsform teilweise Unterschiede vorliegen. Dennoch konnten unter Heranziehung einiger Studien u.a. von A.C. Nielsen und Planet Retail, durch Experteninterviews aus der Industrie- und Handelspraxis sowie durch eigene Beobachtungen einige Unterschiede bezüglich des Status quo von Einzel- und Dachmarken (Kompetenzbreite) sowie hinsichtlich des Markennamens und der Sortimentsbedeutung festgestellt werden.

Aufgrund des hohen Stellenwertes der Discounter im deutschen Lebensmittelmarkt muss an dieser Stelle die Analyse zwischen dem discountierenden und dem klassischen (nicht-disountierendem) Handel differenzieren. In Deutschland werden die Discountmarken so z.B. bei „Aldi", „Lidl" und „Plus" hauptsächlich als Einzelmarken vertrieben. Im Getränkesortiment werden die Produktbereiche Wasser, Limonaden und Fruchtsäfte jeweils mit einem anderen Namen gekennzeichnet, der keinen Hinweis auf den Namen des Handelsunternehmens gibt.

In Frankreich werden in dem zum Handelsunternehmen „Casino" gehörendem Discounter „Leader Price" die Getränke ebenfalls als Einzelmarken veräußert. Ähnlich wie in Deutschland stellen die Produkte hinsichtlich Verpackungsgestaltung eine „Imitation" führender Herstellermarken dar. Allerdings kann im Gegensatz zu Deutschland hinsichtlich des Markennamens beobachtet werden, dass das Logo des Unternehmens auf fast allen Getränkeprodukten erscheint. Hinsichtlich der Sortimentsbedeutung ist zu konstatieren, dass einhergehend mit der

Gesamtstrategie der Discounter (vgl. Kap. 6.2.3.2.), das Angebot von Handelsmarken in diesem Betriebstyp eher in Form einer Kernmarke vorzufinden ist (Bruhn 2006, S. 645). Da die Marktanteile der Discounter in Großbritannien nicht signifikant sind, erfolgt für dieses Land keine Analyse der Discountmarken.

Im nicht-discountierendem deutschen Lebensmitteleinzelhandel kann beobachtet werden, dass Handelsmarken im Preiseinstiegssegment (Gattungsmarken) häufig unter einer Dachmarke geführt werden, die sich auf viele Warengruppen erstreckt. Als Beispiele sind hier die Marke „Ja!" von Rewe, „Tip" von Real (SB-Warenhaus der Metro Group) sowie „K-Classic" von „Handelshof" und „Concord" (Verbrauchermärkte der Schwarz-Gruppe) zu nennen. Hierbei fällt auf, dass es sich um reine Phantasiemarken handelt. Auch in Frankreich werden Gattungsmarken als Dachmarken eingesetzt, so z.B. die Marke „No. 1" von „Carrefour" und „Happy Euro" von „Casino", wobei auch hier der Name des Unternehmens nicht erscheint, wodurch es Phantasiemarken sind. Anders sieht es z.B. beim britischen führenden Handelsunternehmen „Tesco" aus. Hier werden zwar die Gattungsmarken auch als Dachmarke eingesetzt, allerdings unter dem Namen „Tesco Value", was auf das Unternehmen schließen lässt.

Ebenso können bei den im mittleren Preisbereich positionierten Handelsmarken (klassische Handelsmarken) einige länderspezifische Unterschiede hinsichtlich der in diesem Segment geführten Produkte (Kompetenzbreite) und des Markennamens identifiziert werden. Bezüglich der Kompetenzbreite von Handelsmarken kann in Deutschland als auch in Frankreich festgestellt werden, dass die klassischen Handelsmarken häufig als Einzelmarke eingesetzt werden. In Großbritannien hingegen werden sie als Dachmarke oder als Sortiments-/Warengruppenmarke eingesetzt.

Hinsichtlich des Markennamens kann in Deutschland konstatiert werden, dass auf Grund des „Me-too"-Charakters von klassischen Handelsmarken, ihr Name und das Erscheinungsbild oft an die der Herstellermarke anlehnt. In Frankreich setzt sich der Markenname aus dem eigentlichen Produktnamen und dem Logo des Handelsunternehmens zusammen. Die Verpackung imitiert i.d.R. bekannte Herstellermarken. Bei den englischen Handelsunternehmen werden die klassischen Handelsmarken oft unter dem jeweiligen Händlernamen geführt. Als Beispiel dient hierzu das Handelsunternehmen „Tesco".

Bei Premium-Handelsmarken haben sich in Großbritannien und Frankreich, im Gegensatz zu Deutschland, Dachmarkenkonzepte erfolgreich etabliert (A.T. Kearney 2004b, S.16). Diese tragen auch den Namen des Unternehmens, um eine möglichst imagebildende Positionierung zu erreichen. Als Beispiele sind hier für den französischen Markt die Marken „Carrefour Escapades Gourmandes“ und „Casino Saveur Gourmandes“ sowie für den englischen Markt „Tesco finest“ zu nennen.

Hinsichtlich der sortimentspolitischen Akzentuierung ist im deutschen klassischen LEH festzustellen, dass die Handelsmarken als eine günstigere Alternative zu den Herstellermarken angesehen werden, um die Auswahlmöglichkeit der Produkte zu erweitern. „Die meisten Kunden [kaufen] die Eigenmarken allenfalls gelegentlich. Dies spricht dafür, dass sie einen gewissen Ergänzungscharakter haben“ (Gabersek 2006, S. 58). Aus diesem Grund können sie als Zusatz- bzw. Randmarken angesehen werden. In Frankreich lässt sich in Bezug auf die Sortimentsbedeutung der Handelsmarken keine klare Aussage treffen. Denn einerseits werden sie, ähnlich wie in Deutschland zur Sortimentsabrundung nach unten eingesetzt, was eher einen Ergänzungscharakter hat. Andererseits dienen sie der Sortimentsdifferenzierung im horizontalen Wettbewerb, weswegen sie zum Hauptgeschäftsfeld von Handelsunternehmen gehören und somit als Kernmarken angesehen werden. In Großbritannien dagegen bilden Handelsmarken „den Mittelpunkt der markenpolitischen Gestaltung“ (Bruhn 2006, S. 643) und werden im jeweiligen Sortiment als Basis- und Kernmarken positioniert.

6.2.5. Analyse des Status quo von Handelsmarken im internationalen Vergleich hinsichtlich der Kompetenztiefe

Bei der Analyse des Status quo von Handelsmarken hinsichtlich der Kompetenztiefe soll explizit auf die Differenzierung zwischen Handelsmarken als Firmenkennzeichen und Handelsmarken als Artikel, die damit versehen sind (Handelsmarkenartikel) eingegangen werden. In Bezug auf Handelmarken als Kennzeichen ist festzustellen, dass hierbei in allen drei Ländern kaum Beispiele regionaler Marken existieren. Denn in diesem Fall müsste das entsprechende Handelsunternehmen ebenfalls ausschließlich regional agieren. Die Erfolgs- oder sogar Überlebenschancen eines solchen Handelsunternehmens gestalten sich im Zuge der im Kapitel 5.3.2.1. aufgezeigten Konzentrationsprozesse als zunehmend schwieriger und sind heute fast nicht mehr realisierbar. Dagegen finden Handelsmarken im Sinne von „Markenzeichen“ auf der nationalen Basis hohe Verbreitung. Im Zuge der verstärkten Internationalisierung werden sie auch zunehmend international vertrieben, wodurch der Anteil an internationalen Handelsmarken steigt. “Retail concentration and growing competition are prompting the world’s biggest retailers to enter new markets, taking their private label ranges with them” (Planet Retail 2006d, S. 3). Die nachfolgende Tabelle zeigt den Internationalisierungsstatus ausgewählter Handelsunternehmen im Jahr 2006.

Tab. 15: Internationalisierungsstatus ausgewählter Handelsunternehmen im Jahr 2006 in Europa

Handelsunternehmen	Anzahl Länder Europa	Internationale Präsenz in Europa
Metro Group (D)	25	Deutschland, Belgien, Bulgarien, Dänemark, Frankreich, Griechenland, Großbritannien, Italien, Kroatien, Luxemburg, Niederlande, Österreich, Polen, Portugal, Republik Moldau, Rumänien, Russland, Schweiz, Serbien, Slowakei, Spanien, Tschech. Republik, Türkei, Ukraine, Ungarn
Schwarz-Gruppe (D)	23	Deutschland, Belgien, Bulgarien, Dänemark, Finnland, Frankreich, Großbritannien, Griechenland, Irland, Italien, Kroatien, Niederlande, Österreich, Polen, Portugal, Schweden, Slowakei, Spanien, Tschech. Republik, Ungarn, Luxemburg, Norwegen, Rumänien
REWE Group (D)	14	Deutschland, Bulgarien, Frankreich, Italien, Kroatien, Österreich, Polen, Rumänien, Russland, Schweiz, Slowakei, Tschech. Republik, Ukraine, Ungarn
Aldi (D)	13	Deutschland, Belgien, Dänemark, Frankreich, Großbritannien, Irland, Luxemburg, Niederlande, Österreich, Spanien, Portugal, Schweiz, Slowenien
Carrefour (F)	10	Frankreich, Belgien, Griechenland, Italien, Polen, Portugal, Rumänien, Schweiz, Spanien, Türkei
Auchan (F)	8	Frankreich, Italien, Luxemburg, Polen, Portugal, Russland, Spanien, Ungarn
Intermarché (F)	8	Frankreich, Belgien, Bosnien-Herzegowina, Polen, Portugal, Rumänien, Serbien, Spanien
Tesco (GB)	7	Großbritannien, Irland, Polen, Slowakei, Tschech. Republik, Türkei, Ungarn
Leclerc (F)	5	Frankreich, Portugal, Polen, Slowenien, Spanien
Edeka-Gruppe (D)	4	Deutschland, Dänemark, Österreich, Russland

Quelle: Metro Group 2006, S. 46ff.

In Bezug auf die physischen Produkte, die unter einer Handelsmarke vertrieben werden, gestaltet sich die Bedeutung von regionalen, nationalen und internationalen Handelsmarken vollkommen anders. So können unter einer national geführten Handelsmarke Produkte angeboten werden, die von regionalen Herstellern produziert werden. Als Beispiel kann hier z.B. die von „Carrefour" geführte Premium-Handelsmarke „Reflect de France" genannt werden, unter der regionale Spezialitäten angeboten werden. Für Getränke existieren keine Beispiele. Im Getränkesegment kann es jedoch vorkommen, dass eine auf nationaler Ebene vertriebene Gattungsmarke durch unterschiedliche regionaler Hersteller produziert wird, um Überkapazitäten abzubauen.

Nach aktueller Bestandsaufnahme vieler Faktoren und Entwicklungen bis zum heutigen Tage folgt nun Einblick auf die Potenziale von Handelsmarken in der Zukunft.

7. Entwicklungspotenziale von Handelsmarken

7.1. Überblick

„Im Zusammenhang mit dem derzeitigen Stand der Handelsmarkenanteile sowie mit ihrer Entwicklung wird in der Handelsmarkenliteratur kaum ein Thema so intensiv diskutiert wie das der künftigen Bedeutung der Handelsmarken“ (Ahlert/Kenning/Schneider 2000, S. 38). Allerdings fokussiert auch diese Diskussion fast ausschließlich auf die Kompetenzhöhe von Handelsmarken.

Die in den wissenschaftlichen Beiträgen und praktischen Studien (A.C. Nielsen, KPMG, Planet Retail und Euromonitor) dargestellte künftige Entwicklung von Handelsmarken deutet auf die Zunahme ihrer Bedeutung hin. Genau so unterschiedlich wie sich der Status quo der einzelnen Erscheinungsformen von Handelsmarken in den jeweiligen Ländern darstellt, wird auch ihre zukünftige Entwicklung sein. Im folgenden werden analog zur bisherigen Vorgehensweise zunächst länderübergreifende Entwicklungstendenzen erörtert. Anschließend werden länderspezifische Entwicklungspotenziale von Handelsmarken aufgezeigt.

7.2. Länderübergreifende Entwicklungspotenziale von Handelsmarken

„Für den vertikalen Wettbewerb im Konsumgüterbereich ist die zukünftige Entwicklung der Marktanteile von Handels- und Herstellermarken eine der wichtigsten Fragen überhaupt“ (Ahlert/Kenning/Schneider 2001, S. 256). Infolge der zunehmenden Konzentration des Handels wird sich seine Position im vertikalen Wettbewerb weiterhin verstärken. Die Konzentrationsprozesse im deutschen LEH werden sich nach Meinung vieler Experten künftig fortsetzen. „Bis 2010 werden die größten fünf Anbieter der Branche gut drei Viertel des Lebensmittelumsatzes auf sich vereinen“ (KPMG/GS1/EHI 2006, S.10). Die Metro Group (2006, S. 16) prognostiziert für den deutschen Lebensmittelmarkt für das Jahr 2010 einen Marktanteil von 76,2 % für die TOP-5 Handelsunternehmen. Auch in Frankreich und Großbritannien ist eine Zunahme von Konzentrationsprozessen zu erwarten, so die Praxisexperten. Dies wird zu Folge haben, dass „insbesondere die großen und stark expandierenden Handelsunternehmen [...] auch künftig keine einfachen Verhandlungspartner der Industrie sein [werden], wenn es darum geht, die eigene Marktposition in die Waagschale zu werfen und die bestmöglichen Konditionen herauszuholen“ (LP International 2002b, S. 1). Somit wird der Handel, bedingt durch seine starke Verhandlungsposition, auch künftig über Konditionenforderungen in die Preispolitik der Hersteller eingreifen können (Olbrich/Braun 2001, S. 417).

Ferner werden künftig aufgrund zunehmender Qualitätsangleichung „die Grenzen zwischen Handelsmarken und Herstellermarken verwischen“ (Esch 2005, S. 48). Konsumforscher Wolfgang Twardawa merkt hierzu an: „Wo die Differenzierung über Qualität, Image oder Innovation nicht mehr möglich ist, hat's die Marke schwer“ (Garber 2003, S. 15). Für das Handelsmarkenmanagement bedeutet dies, dass Handelsmarken wie die Herstellermarken gepflegt sein müssen, um sich im horizontalen und vertikalen Wettbewerb zu profilieren. Die Händler werden sich verstärkt darum bemühen, Marken-Know-How aufzubauen. Laut Dölle (2001, S. 140f.) ist in Zukunft mit einer weiteren Professionalisierung der Handelsmarkenaktivitäten zu rechnen, der Handel übernimmt somit immer mehr die Markenführung und Gesamtproduktverantwortung.

Ebenso wird sich im vertikalen Wettbewerb die Verdrängungsprozesse der B- und C-Marken durch die Handelsmarken fortsetzen. Nach Meinung der Marktforscher werden bis 2010 „in Europa B- und C-Markenartikel durch Handelsmarken fast vollständig substituiert sein“ (KPMG/EHI 2004, S. 5). Somit wird sich das sog. „Verlust-der-Mitte“-Phänomen weiterhin verstärken.

Abb. 43: „Verlust-der-Mitte“-Phänomen

Früher
Heute
Zukünftig?
A-Marken
B/C-Marken
Handelsmarken
A-Marken
B/C-Marken
Handels-marken
A-Marken
Handelsmarken

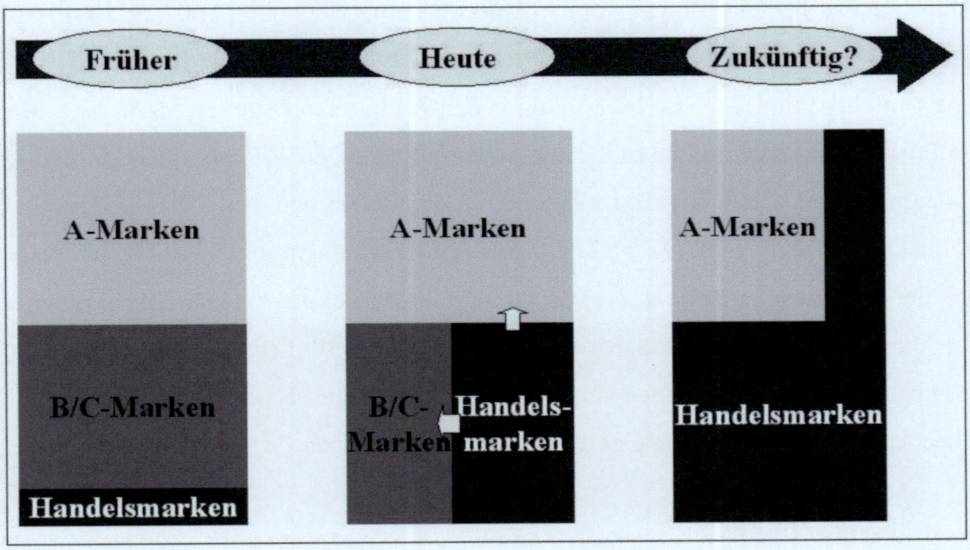

Quelle: KPMG 2003a, S. 3.

Die Polarisierung der Märkte wird sich künftig ebenfalls auf die Marktanteile von klassischen Handelsmarken, die im unteren bis mittleren Preissegment positioniert sind, auswirken. Dieses „stuck-in-the-middle“-Phänomen wird nach Aussage von Praxisexperten sowohl in Deutschland, als auch in Frankreich und Großbritannien zu beobachten sein. So werden in Deutschland infolge der sich fortsetzenden bzw. verstärkten Sonderangebotspolitik der Her-

steller die Preisunterschiede zwischen den klassischen Handelsmarken und die unter dem Normalpreisniveau angebotenen Herstellermarken zunehmend verschwinden. Für die Verbraucher wird sich daher der finanzielle Anreiz, klassische Handelsmarken zu erwerben, abschwächen. Die eher preissensiblen Konsumenten werden verstärkt Handelsmarken im Preiseinstiegsbereich erwerben (Gattungsmarken und Discounthandelsmarken), während die Verbraucher der höheren Einkommensklassen zu Premium-Handelsmarken greifen werden. Auch in Frankreich wird künftig zu beobachten sein, dass die klassischen Handelsmarken, die sog. „Marques de Distributeurs“ (MDD) an Geweicht verlieren werden. Die Gründe hierfür liegen in der Abschaffung des sog. „Loi Galland“ (vgl. Kap. 6.2.2.). Mit dem Ersetzen des „Loi Galland“ durch das sog. „Loi Dutreil“ im Januar 2006 dürfen künftig auch in Frankreich, ähnlich wie in Deutschland, Herstellermarken zu einem niedrigen Preis veräußert werden, wodurch „Negativmargen“ entstehen (Planet Retail 2006b, S. 8). Tatsächlich ist bereits 2006 als Folge zu beobachten, dass Handelsmarken im mittleren Preissegment ihre Anteile an Gattungsmarken verlieren (Clapham 2006, S. 65). Ebenso ist in Großbritannien zu beobachten, dass sich der Handelsmarkenmarkt in zwei Richtungen polarisiert: „Discount und Premium attackieren Mainstream“ (LP International 2006f, S. 1). „Ein „stuck-in-the-middle“ ist in diesem Sinne eine verhängnisvolle Position“ (Ahlert/Kenning/Schneider 2001, S. 258).
Vor diesem Hintergrund ergeben sich für die Markenartikelhersteller in der Zukunft zwei strategische Optionen: Entweder sie investieren in den Aufbau ihrer starken Marken (A-Marken), um die Position als Marktführer zu behaupten (Jary/Schneider/Wileman 1999, S. 216ff.) oder sie kooperieren aktiv mit den Einzelhändlern „als Lieferanten von Qualitätseigenmarken“ (Jary/Schneider/Wileman 1999, S. 219). Aus dieser Kooperation zwischen Industrie und Handel, der sich „aus der Rolle des reinen Absatzmittlers heraus zu einem immer stärker werdenden Marktpartner der Markenartikelindustrie emanzipiert“ (Zentes/Schramm-Klein 2004, S. 1681) hat, werden neue Formen von Handelmarken entstehen (Gollnick/Schindler 2001, S. 379). Die nachfolgende Abbildung zeigt Beispiele dieser neuen Formen von Handelsmarken.

Abb. 44: Beispiele neuer Formen von Handelsmarken und deren Nutzen

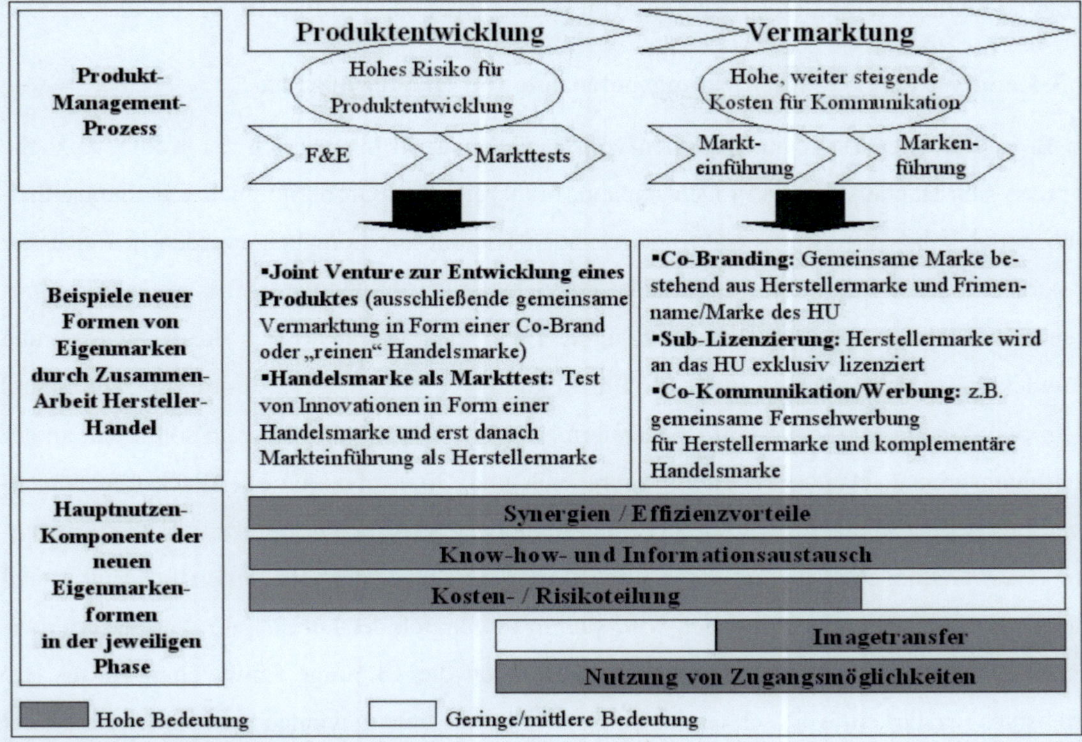

Quelle: Gollnick/Schindler 2001, S. 381.

Die dargestellten Beispiele neuer Formen von Handelsmarken stellen kein rein theoretisches und für die ferne Zukunft prognostiziertes Konstrukt dar. Bereits heute machen einige Hersteller und Händler Nutzen von dem sog. „Co-Branding". So entstand eine Kombination aus der Sortimentsmarke für kalorienarme Produkte "Be light" vom Discounter „Aldi" und der Herstellermarke "Baby Bel" des französischen Käseherstellers „Bel" (Planet Retail 2006d, S. 39).

Abb. 45: Beispiel für „Co-Branding"

Quelle: Planet Retail 2006d, S. 39.

„Durch das Co-Branding kann ein klares Trading-up für Handelsmarken erzielt werden" (Gollnick/Schindler 2001, S. 383). Aber auch andere in Abb. 44 dargestellten neuen Formen von Handelsmarken können die zukünftige Entwicklung v.a. in Deutschland hinsichtlich des Trading-up und Premiumpositionierung von Handelsmarken beeinflussen.

7.3. Länderspezifische Entwicklungspotenziale von Handelsmarken

In Bezug auf die Erscheinungsformen von Handelsmarken hinsichtlich der Kompetenzhöhe werden sich Handelsmarken in Deutschland, Frankreich und Großbritannien z.T. unterschiedlich entwickeln. Wie bereits im vorangehenden Kapitel angesprochen, werden in Folge der Polarisierung der Märkte die klassischen Handelsmarken ihre Marktanteile an Gattungsmarken oder Premium-Handelsmarken verlieren. Die Richtung, in die sich die Handelsmarken entwickeln werden, wird u.a. durch die Entwicklung der Discounter bestimmt. In Deutschland liegt der aktuelle Marktanteil an Discountern bei 39,0 % (vgl. Abb. 39) und somit nah an der Sättigungsgrenze. Dagegen wird für Frankreich und Großbritannien ein Wachstum von jeweils 18 % und 30 % prognostiziert (LP International 2006g, S. 1). In Bezug auf die Entwicklung von Gattungsmarken hat diese Entwicklung zu Folge, dass ihr Anteil in Deutschland nicht mehr wachsen wird. Dagegen wird sich in Frankreich der horizontale Wettbewerb zwischen Discountern und dem klassischen LEH durch die 18 %-ige Entwicklung dieses Betriebstyps verstärken, wodurch Gattungsmarken Marktanteile gewinnen werden. Dieser Effekt wird nach Aussage von Praxisexperten in Großbritannien ein noch höheres Ausmaß annehmen.

In Bezug auf Premium-Handelsmarken wird sich die Entwicklung ebenfalls different gestalten. „Die Etablierung von Handelsmarken in höheren Preissegmenten birgt für den krisengeschüttelten deutschen Lebensmitteleinzelhandel enormes Potenzial“ (A.T. Kearney 2004a). In Deutschland ist deutlich zu beobachten, dass sich im Premiumsegment immer mehr Handelsmarken etablieren. So positioniert das Handelsunternehmen „Edeka“ offensiv die Dachmarke „Edeka“ im Qualitätsbereich. Hierbei wurde ein neues produktlinienspezifisches Verpackungskonzept verabschiedet, dass deutlich wahrnehmbar das „Edeka-Dach“ verbindet. Als Beispiel kann hier die hochwertige überarbeitete Tiefkühl-Pizza „Bancetto“ genannt werden. Hier werden auf der Verpackung die Zusatznutzen für den Verbraucher kenntlich gemacht und als Service eine Hotlinenummer angeboten. Angekündigt sind Erweiterungen im Molkerei, Süßwaren, Tiernahrungs- und Bio Wertkost-Bereich (Edeka-Gruppe 2005, S. 57ff.). Des Weiteren sollte hier das SB-Warenhaus der Metro-Gruppe „Real“ genannt werden, eher bekannt für Dachmarken im Preiseinstiegsegment („Tip“). Hier wird unter der Sortimentsmarke „Naturkost Grünes Land“ ein breit gefächertes Lebensmittelangebot im Bio-Segment angeboten.. Mit einer aggressiven Werbestrategie versucht sich „Real“ im Premiumsegment „Bio“ zu positionieren.

Auch in Frankreich wird sich vor dem Hintergrund des steigenden Bewusstsein für gesunde Ernährung der Anteil an Premium-Handelsmarken mit gesundheitssteigerndem Nutzen wachsen.

8. Fazit

Handelsmarken haben sich im Laufe der letzten Jahre gegenüber den Herstellermarken emanzipiert. Ihre Marktanteile wachsen seit geraumer Zeit und sie sind zu „einer fundamentalen betriebswirtschaftlichen Größe herangewachsen“ (Vanderhuck 2001, S. 315). Parallel zu dieser quantitativen Entwicklung haben sich Handelsmarken auch in qualitativer Hinsicht verändert. „Besetzten diese früher beinahe ausschließlich die unteren Preislagen in unproblematischen (Massen-)Gütermärkten, dringen sie seit wenigen Jahren auch in anspruchsvollere Produktbereiche und höherwertige Preis- und Qualitätslagen vor, die bis dahin ausschließlich von Herstellern besetzt waren“ (Bodenbach 1996, S. 3).

Das Ziel dieser Niederschrift war, u.a. Gründe für die herausragende Entwicklung der Handelsmarken aufzuzeigen. Im Verlauf der vorliegenden Arbeit wurde dargestellt, dass die Ursachen für die Handelsmarkenentwicklung verschiedene Wurzeln besitzen. Wichtige Einflussfaktoren stellen die Qualitätsverbesserung der Handelsmarken, die gestiegene Handelsmacht im vertikalen Wettbewerb, die Professionalisierung des Handelsmarkenmanagements sowie sinkende Herstellermarkentreue der Konsumenten dar. Aber auch die Konsumgüterhersteller selbst haben zu der positiven Handelsmarkenentwicklung beigetragen. Diese haben nicht konsequent genug agiert, um weitere Anteilsverluste ihrer Marken zu vermeiden. Zum Teil wurden auch Fehler begangen bzw. aktuellen Entwicklungen im Konsumentenverhalten nicht genügend Aufmerksamkeit geschenkt. Innerhalb weniger Jahre hat das Markenbewusstsein beim Verbraucher rapide abgenommen und das Preisbewusstsein vor allem aus konjunkturellen Gründen stark zugenommen.

Anstatt nun auf die eigenen Stärken zu setzen, versuchte die Markenartikelindustrie die Handelsmarken und mit ihnen die Discounter, als stärkster Vertriebskanal der Handelsmarken, mit ihren eigenen Waffen – dem Preis – zu schlagen. Dies konnte nicht gelingen und endete mit weiteren Anteilsverlusten v.a. der schwachen B- und C-Marken der Hersteller.

Ein Blick über die Landesgrenzen hinaus ermöglichte es, einen internationalen Vergleich der Bedeutung einzelner Erscheinungsformen von Handelsmarken anzustellen. Hierbei wurde deutlich, dass sich in Großbritannien eine andere Entwicklung der Handelslandschaft und somit der Positionierung von Handelsmarken ergeben hat als im „Discountparadies Deutschland“ (LP International 2006a, S. 12). Auch in Frankreich konnten nationale Besonderheiten bezüglich der Handelsmarkenentwicklung und des Status quo der einzelnen Handelsmarkentypen beleuchtet werden.

In Anbetracht des differenten Status quo von Handelsmarken in den Ländern gestalten sich ebenfalls die zukünftigen Tendenzen ihrer Entwicklung länderspezifisch.

Der Trend der Handelsmarkenentwicklung in Deutschland deutet darauf hin, dass hierzulande die Premium-Handelsmarken, die in Großbritannien bereits seit langem erfolgreich sind, in einigen Jahren einen beträchtlichen Stellenwert erreichen werden. Dagegen prognostizieren Experten für Großbritannien eine Zunahme der Bedeutung von Gattungsmarken, die heute in Deutschland eine weite Verbreitung finden. In Frankreich besteht Entwicklungspotenzial in allen Bereichen. Sowohl Gattungsmarken als auch Premium-Handelsmarken werden verstärkt Marktanteile gewinnen, wobei die klassischen Handelsmarken auf ihrem schon hohen Niveau wahrscheinlich einfrieren werden.

Während noch vor einigen Jahren die Meinungen der Experten hinsichtlich der positiven künftigen Handelsmarkenentwicklung divergierten (Eisenmann 1997, S. 217; Ahlert/Kenning/Schneider 2001, S. 245) ist es heute nahezu unumstritten, dass „ein Ende des Handelsmarkenwachstums [...] nicht in Sicht [ist]" (Ahlert/Kenning/Schneider 2001, S. 258). „Die Zukunft wird zweifelsohne nicht ohne die Handelsmarke verlaufen, ob sie ihr sogar letzten Endes gehört, kann nur gemutmaßt werden" (Mattmüller/Tunder 2004, S. 971).

V. Literaturverzeichnis

A

A.C. Nielsen GmbH (Hrsg.) (2005): The power of private label 2005. A review of growth trends around the world, http://www.acnielsen.de/pubs/documents/ThePowerofPrivateLabel2005.pdf, Abrufdatum: 14.08.2006.

A.C. Nielsen GmbH (Hrsg.) (2006): Universen 2006. Handel und Verbraucher in Deutschland, http://www.acnielsen.de/site/documents/ACNielsen_Universen2006.pdf, Abrufdatum: 14.08.2006.

Ahlert, D.; Kenning, P.; Schneider, D. (2000): Markenmanagement im Handel. Strategien – Konzepte – Praxisbeispiele, Weisbaden.

Ahlert, D.; Kenning, P.; Schneider, D. (2001): Das Wachstum der Handelsmarken – Ursachen und Zukunftsperspektiven, in: Bruhn, M. (Hrsg.): Handelsmarken. Entwicklungstendenzen und Perspektiven der Handelsmarkenpolitik, 3. Aufl., Stuttgart, S. 243-260.

Angehrn, O. (1960): Handelsmarken und Markenartikelindustrie, Freiburg.

Ausschuss für Definitionen zu Handel und Distribution (Hrsg.) (2006): Katalog E. Definitionen zu Handel und Distribution, 5. Ausg., Köln.

A.T. Kearney (Hrsg.) (2004a): Mit Premium-Handelsmarken 300 Millionen Euro für deutschen Lebensmitteleinzelhandel, http://www.atkearney.de/content/presse/pressemitteilungen_archiv_detail.php/id/49256/year/2004, Abrufdatum: 10. September 2006.

A.T. Kearney (Hrsg.) (2004b): Handelsmarken im deutschen Einzelhandel – Mehr Chancen durch eine Positionierung im Premium-Segment, Düsseldorf.

B

Batra, R.; Sinha, I. (2000): Consumer-level factors moderating the success of private label brands, in: Journal of Retailing, Vol. 76, Nr. 2, S. 175-191.

Berekoven, L. (1978): Zum Verständnis und Selbstverständnis des Markenwesens, in: Topritzhofer, E. (Hrsg.): Markenartikel heute: Marke, Markt und Marketing, Wiesbaden, S. 35-48.

Becker, J. (2005): Einzel-, Familien- und Dachmarken als grundlegende Handlungsoptionen, in: Esch, F.-R. (Hrsg.): Moderne Markenführung. Grundlagen – Innovative Ansätze – Praktische Umsetzungen, 4. Aufl., Wiesbaden, S. 381-402.

Berekoven, L. (1986): Geschichte des deutschen Einzelhandels, Frankfurt am Main.

Berekoven, L. (1992): Von der Markierung zur Marke, in: Dichtl, E.; Eggers, W. (Hrsg.): Marke und Markenartikel, München, S. 25-46.

Berekoven, L. (1995): Erfolgreiches Einzelhandelsmarketing. Grundlagen und Entscheidungshilfen, 2. Aufl., München.

Bodenbach, B. F. (1996): Internationale Handelsmarkenpolitik im europäischen Lebensmitteleinzelhandel, Regensburg.

Brau Beviale (Hrsg.) (2006): BRAU Beviale 2006: Getränkemarkt Deutschland, http://press.nuernbergmesse.de/Brau_beviale/25.pm.2886.html, Abrufdatum: 23. August 2006.

Breton, P. (2004): Les marques de distributeurs. Les MDD ne sont pas que des copies!, Paris.

Bruhn, M. (1989): Herausforderungen für das Marketing im nächsten Jahrzehnt – eine Einführung des Herausgebers, in: Bruhn, M. (Hrsg.): Handbuch des Marketing. Anforderungen an Marketingkonzeptionen aus Wissenschaft und Praxis, München, S. 1-20.

Bruhn, M. (1994): Begriffsabgrenzungen und Erscheinungsformen von Marken, in: Bruhn, M. (Hrsg.): Handbuch Markenartikel, Stuttgart, S. 3-42.

Bruhn, M. (1999): Erklärungsansätze des vertikalen Markenwettbewerbs, in: Wirtschaftwissenschaftliches Studium, 28. Jg., Nr. 9, S. 450-455.

Bruhn, M. (2001): Bedeutung der Handelsmarke im Markenwettbewerb – eine Einführung, in: Bruhn, M. (Hrsg.): Handelsmarken. Entwicklungstendenzen und Perspektiven der Handelsmarkenpolitik, 3. Aufl., Stuttgart, S. 3-48.

Bruhn, M. (2004a): Begriffsabgrenzungen und Erscheinungsformen von Marken, in: Bruhn, M. (Hrsg.): Handbuch Markenführung, 2. Aufl., Wiesbaden, S. 3-49.

Bruhn, M. (2004b): Das Konzept des Markentypenlebenszyklus, in: Bruhn, M. (Hrsg.): Handbuch Markenführung, 2. Aufl., Wiesbaden, S. 421-456.

Bruhn, M. (2006): Handelsmarken – Erscheinungsformen, Potenziale und strategische Stoßrichtungen, in: Zentes, J. (Hrsg.): Handbuch Handel. Strategien – Perspektiven – Internationaler Wettbewerb, Wiesbaden, S. 631-656.

Burmann, C.; Meffert, H; Koers, M. (2005): Stellenwert und Gegenstand des Markenmanagements, in: Meffert, H.; Burmann, C.; Koers, M. (Hrsg.): Markenmanagement. Identitätsorientierte Markenführung und praktische Umsetzung, 2. Aufl., Wiesbaden, S. 3-18.

C

Clapham, N. (2006): Les MDD standard manquent de jus, in: Rayon Boissons, Nr. 41, S. 65.

D

Dannenmaier, S.; Lindebner, G.; Saalfrank, S. (2003): Zukunft Getränkefachgroßhandel, in: IBB Internationale Betriebsberatung GmbH, München.

Daymon Worldwide (Hrsg.) (2006): Our mission statement, http://www.daymon.com, Abrufdatum: 12. Oktober 2006.

Decker, R.; Klein, T.; Wartenberg, F. (1995): Marketing und Internet – Markenkommunikation im Umbruch?, in: Markenartikel, 57. Jg., Nr. 10, S. 468-473.

Dembeck, S. (2004): Retail Branding. Eine Analyse unter besonderer Berücksichtigung des Bekleidungs- und Lebensmitteleinzelhandels in Deutschland, Großbritannien und Frankreich, Aachen.

Dietz, D. (2006): Wässer mit Geschmack liegen vorne, in: Lebensmittelzeitung, 58. Jg., Nr. 12, S. 48-50.

Dölle, V. (2001): Konzepte und Positionierung der Handelsmarken – dargestellt an ausgewählten Beispielen, in: Bruhn, M. (Hrsg.): Handelsmarken. Entwicklungstendenzen und Perspektiven der Handelsmarkenpolitik, 3. Aufl., Stuttgart, S.131-146.

Dumke, S. (1996): Handelsmarkenmanagement, Hamburg.

E

Eisenmann, H. (1997): Auf dem Weg zur Dominanz der Handelsmarke?, in: Müller-Hagedorn, L. (Hrsg.): Trends im Handel. Analysen und Fakten zur aktuellen Situation im Handel, Frankfurt am Main, S. 203-225.

Esch, F.-R. (2005): Strategien und Technik der Markenführung, 3. Aufl., München.

Esch, F.-R.; Wicke, A.; Rempel, J. E. (2005): Herausforderungen und Aufgaben des Markenmanagements, in: Esch, F.-R. (Hrsg.): Moderne Markenführung. Grundlagen – Innovative Ansätze – Praktische Umsetzungen, 4. Aufl., Wiesbaden, S. 3-55.

Edeka Gruppe (Hrsg.) (2005): Geschäftsbericht 2005, http://www.edeka.de/EDEKA/Content/DE/AboutUs/Presse/Downloadservice/Dokumente/EDEKA_GB_2005.pdf, Abrufdatum: 28. September 2006.

Euromonitor International (Hrsg.) (2006a): Soft Drinks in Germany.

Euromonitor International (Hrsg.) (2006b): Soft Drinks in France.

Euromonitor International (Hrsg.) (2006c): Soft Drinks in the UK.

F

Fassnacht, M.; Kreft, O. (2004): Handelsmarken versus Herstellermarken aus Konsumentensicht: Herausforderungen für Handel und Hersteller im Lebensmitteleinzelhandel, in: Fassnacht, M. (Hrsg.): Managementorientierte Schriftenreihe des Zentrums für marktorientierte Unternehmensführung, Nr. 1.

G

Gabersek, E. (2006): Zuordnung fällt den Verbrauchern oft schwer, in: Lebensmittelzeitung, 58. Jg., Nr. 17, S. 58.

Garber, T. (2003): Private labels vs. brands, in: Absatzwirtschaft-Sonderheft, 46. Jg., Nr. 3, S. 14-15.

Gollnick, F.; Schindler, H. (2001): Neue Formen von Handelsmarken durch die Zusammenarbeit von Hersteller und Handel, in: Bruhn, M. (Hrsg.): Handelsmarken. Entwicklungstendenzen und Perspektiven der Handelsmarkenpolitik, 3. Aufl., Stuttgart, S. 377-394.

Gröppel-Klein, A. (2005): Entwicklung, Bedeutung und Positionierung von Handelsmarken, in: Esch, F.-R. (Hrsg.): Moderne Markenführung, 4. Aufl., Wiesbaden, S. 1113-1138.

GWB (Hrsg.) (2006): § 38a, Abs. 2, Satz 1, Gesetzt gegen Wettbewerbsbeschränkungen, http://transpatent.com/gesetze/gwb11.html#23, Abrufdatum: 10. August 2006.

Geßner, H.-J. (2001): Handel vom Lager, in: Diller, H. (Hrsg.): Vahlens Großes Marketinglexikon, 2. Aufl., München, S. 592-593.

Gorrie, A. (2006): Competition between branded and private label goods. Do competition concerns arise when a customer is also a competitor?, in: European competition law review, London, S. 217-227.

H

Hammann, P.; Niehuis, C.; Braun, D. (2001): Determinanten der transnationalen Handelsmarkenführung, in: Esch, F.-R. (Hrsg.): Moderne Markenführung. Grundlagen – Innovative Ansätze – Praktische Umsetzungen, 3. Aufl., Wiesbaden, S. 981-1006.

Heimig, D. (2006): Im Preisstrudel nach unten, in: Lebensmittelzeitung, 58. Jg., Nr. 12, S. 52-53.

Hilt, C.; Scheer, L. (2006): Handel in Nordamerika – Rahmenbedingungen, Entwicklungstendenzen und Perspektiven, in: Zentes, J. (Hrsg.): Handbuch Handel. Strategien – Perspektiven – Internationaler Wettbewerb, Wiesbaden, S. 163-183.

Hoch, S. J.; Banerji, S. (1993): When do private labels succeed?, in: Sloan Management Review, Vol., 34, Nr., 4, S. 57-67.

Huber, W. (1969): Die Handelsmarken. Eine international vergleichende Studie zum Problem der Markenbildung in größeren Handelsorganisationen, Diss., Hochschule St. Gallen, Winterthur.

Huber, W. R. (1988): Markenpolitische Strategien des Konsumgüterherstellers, Frankfurt am Main.

J

Jary, M.; Scheider, D.; Wileman, A. (1999): Marken-Power. Warum Aldi, Ikea, H&M und Co. so erfolgreich sind, Wiesbaden.

Jauschowetz, D. (1995): Marketing im Lebensmitteleinzelhandel. Industrie und Handel zwischen Kooperation und Konfrontation, Wien.

K

Kapferer, J.-N. (1992): Die Marke – Kapital des Unternehmens, Landsberg am Lech.

kon (2001): Preiseinstiegslage dominiert, in: Lebensmittelzeitung, 53. Jg., Nr. 45, S. 54.

Konrad, J. (2002a): „Marken bieten dem Verbraucher Vertrauen“, in: Lebensmittelzeitung, 54. Jg., Nr. 26, S. 64-66.

Konrad, J. (2002b): Discounter als Angstgegner, in: Lebensmittelzeitung, 54. Jg., Nr. 17, S. 2.

Koppe, P. (2003): Handelsmarken und Markenartikel. Wahrnehmungsunterschiede aus der Sicht der Marktteilnehmer, Wien.

Kornobis, K.-J. (1997): Die Entwicklung von Handelsmarken – Untersuchungen und Zukunftsperspektiven im Verbrauchsgüterbereich, in: Bruhn, M. (Hrsg.): Handelsmarken. Entwicklungstendenzen und Zukunftsperspektiven der Handelmarkenpolitik, 2. Aufl., Stuttgart, S. 237-264.

Kornobis, K.-J. (1993): Von der weißen Front zum „Markenartikel", in: Markenartikel, 55. Jg., Nr. 11, S. 526-531.

KPMG AG (Hrsg.) (2003a): No-names von gestern – Markttreiber von morgen?, http://www.kpmg.de/library/pdf/no_names_von_gestern_-_markttreiber_der_zukunft.pdf, Abrufdatum: 17. Juli 2006.

KPMG AG (Hrsg.) (2003b): Trends im Handel 2005 – Ein Ausblick für die Branchen Food, Fashion & Footware, http://www.kpmg.de/library/pdf/trends_im_handel4.pdf, Abrufdatum: 12. Juli 2006.

KPMG AG; EHI (Hrsg.) (2004): Status quo und Perspektiven im deutschen Lebensmitteleinzelhandel 2004. Eine Marktanalyse von KPMG und EHI, http://www.kpmg.de/library/pdf/040123_Status_quo_und_Perspektiven_im_deutschen_Lebensmitteleinzelhandel_2004_de.pdf, Abrufdatum: 17. Juli 2006.

KPMG AG; GS1; EHI (Hrsg.) (2006): Consumer markets & retail. Trends im Handel 2010, http://www.kpmg.de/library/pdf/060316_trends_im_handel_2010_de.pdf, Abrufdatum: 12. Juli 2006.

KPMG AG; EHI (Hrsg.) (2006): Status quo und Perspektiven im deutschen Lebensmitteleinzelhandel 2006, http://www.kpmg.de/library/pdf/98_Status_quo_und_Perspektiven_im_deutschen_Lebensmittelhandel_2006.pdf, Abrufdatum: 10. September 2006.

KPMG (Hrsg.) (2005): Der deutsche Lebensmitteleinzelhandel aus Verbrauchersicht, http://www.kpmg.de/library/pdf/050926_der_deutsche_lebensmitteleinzelhandel_aus_verbrauchersicht_de.pdf, Abrufdatum: 27. Juli 2006.

Kroeber-Riel, W.; Weinberg, P. (2003): Konsumentenverhalten, 8. Aufl., München.

L

Lenz, R. (2001): Die Entwicklung von Handelsmarken – Untersuchungen und Zukunftsperspektiven im Gebrauchsgüterbereich, in: Bruhn, M. (Hrsg.): Handelsmarken. Entwicklungstendenzen und Perspektiven der Handelsmarkenpolitik, 3. Aufl., Stuttgart, S. 221-242.

Liebmann, H.-P.; Zentes, J. (2001): Handelsmanagement, München.

Lindenberg, J. C. (2004): Markenführung im Ernährungsmarkt – am Beispiel Unilever, Handbuch Markenführung, 2. Aufl., Wiesbaden, S. 1971-1985.

LP International (Hrsg.) (2002a): Eigenmarken in Großbritannien. Sättigung, Nr. 14/02., S. 3.

LP International (Hrsg.) (2002b): Ungleiche Umsatzentwicklung von Handel und Industrie. Wer hat die größte Wertschöpfung?, Nr. 10/02, S. 1-2.

LP International (Hrsg.) (2003): Sortiment der großen Filialisten. Private Labels mit Verschnaufpause, Nr. 6/03, S. 10-13.

LP International (Hrsg.) (2004a): RFID-Technologie. Schon wieder eine Revolution?, Nr. 11/04, S. 1-9.

LP International (Hrsg.) (2004b): Wal-Marts Wachstums. Hohes Tempo bleibt, Nr. 19/04, S. 5-6.

LP International (Hrsg.) (2004c): Marktanteile in Europa nach einer IGD-Untersuchung. Carrefour führt – aber Tesco relativ besser, Nr. 16/04, S. 1-2.

LP International (Hrsg.) (2005a): Unterschiede Perspektiven, jedoch der Trend ist eindeutig, Nr. 14/05, S. 14-15.

LP International (Hrsg.) (2005b): Discounter erobern Europa. Welche Antworten gibt es?, Nr. 23/05, S. 9-13.

LP International (Hrsg.) (2006a): Internationales Jahrbuch der Handelsmarken PLMA 2006. Neue Rekorde, Nr. 13/06, S. 10-12.

LP International (Hrsg.) (2006b): Eigenmarken in Lateinamerika noch schwach aber wachsend. Großes Wachstumspotenzial, Nr. 07/06, S. 10-15.

LP International (Hrsg.) (2006c): Die Bedürfnisse des gesundheitsbewussten Konsumenten ernst nehmen. Nutzung des Gesundheits-Trends, Nr. 18/06, S. 11-16.

LP International (Hrsg.) (2006d): Konsumentenstimmung in Europa. Mehr konsumieren, Nr. 18/06, S. 8.

LP International (Hrsg.) (2006e): Hochkonzentriert und rentabel. Discounter wächst auch hier, Nr. 09/06, S. 8-13.

LP International (Hrsg.) (2006f): Leitthema der ECR-Konferenz in Stockholm: Innovation und Lebensstil. Premium ergreift den Handel, Nr. 12/06, S. 1-8.

LP International (Hrsg.) (2006g): Discounter in Europa. Potenzial noch nicht erschöpft, Nr. 15/06, S. 1-2.

M

Mann, G. (1994): Entwicklungstendenzen des Markenartikels aus Herstellerperspektive, in: Bruhn, M. (Hrsg.): Handbuch Markenartikel, Stuttgart, S. 1999-2022.

maq (2002): Lidl-Aktionen erzürnen Branche, in: Lebensmittelzeitung, 54. Jg., Nr. 26, S. 4.

Marketing-Marktplatz (Hrsg.) (2005): AfG-Markt steht unter Innovations-Druck, http://www.marketig-marktplatz.de/Absatz/AFGmarkt.shtml#, Abrufdatum: 14. August 2006.

Marketing-Marktplatz (Hrsg.) (2006): Fruchtsaftindustrie geht in die Preisoffensive, http://www.marketing-marktplatz.de/Absatz/Preisoffensive.shtml#, Abrufdatum: 14. August 2006.

Mattmüller, R.; Tunder, R. (2004): Handelsmarkenstrategie, in: Bruhn, M. (Hrsg.): Handbuch Markenführung, 2. Aufl., Wiesbaden, S. 949-974.

Meffert, H. (2000a): Marketing: Grundlagen marktorientierter Unternehmensführung, 9. Aufl., Wiesbaden.

Meffert, H. (2000b): Trends im Konsumentenverhalten – Implikationen für Efficient Consumer Response, in: Ahlert, D.; Borschert, S. (Hrsg.): Prozessmanagement im vertikalen Marketing. Efficient Consumer Response (ECR) in Konsumgüternetzen, Berlin, Heidelberg, S. 151-158.

Meffert, H.; Burmann, C. (2001): Identitätsorientierte Markenführung – Konsequenzen für die Handelsmarke, in: Bruhn, M. (Hrsg.): Handelsmarken. Entwicklungstendenzen und Perspektiven der Handelsmarkenpolitik, 3. Aufl., Stuttgart, S. 49-70.

Meffert, H.; Twardawa, W.; Wildner, R. (2001): Aktuelle Trends im Verbraucherverhalten: Chance oder Bedrohung für die Markenartikel?, in: Köhler, R.; Majer, W.; Wiezorek, H. (Hrsg.): Erfolgsfaktor Marke. Neue Strategien des Markenmanagements, München, S. 1-22.

Mellerowicz, K. (1963): Markenartikel. Die ökonomischen Gesetze ihrer Preisbildung und Preisbindung, 2. Aufl., Wiesbaden.

Messing, H. W. (1987): Der Begriff „Markenartikel". Woran orientiert sich eigentlich der Verbraucher?, in: Markenartikel, 49. Jg., Nr. 6, S. 266-271.

Metro Group (2006): Metro-Handelslexikon 2006/2007. Daten, Fakten und Adressen zum Handel in Deutschland, Europa und weltweit, Düsseldorf.

Michalsky, U. (1996): Die Marke in der Wettbewerbsordnung nach dem Inkrafttreten des Markengesetztes, Diss., Universität des Saarlandes, Saarbrücken.

Möhlenbruch, D. (2004): Markenführung und Sortimentsentscheidungen im Einzelhandel, in: Bruhn, M. (Hrsg.): Handbuch Markenführung, 2. Aufl., Wiesbaden, S. 1755-1780.

Müller-Hagedorn, L. (2001): Handelsmarke oder Herstellermarke? – Überlegungen zur ökonomischen Effizienz, in: Bruhn, M. (Hrsg.): Handelsmarken. Entwicklungstendenzen und Perspektiven der Handelsmarkenpolitik, 3. Aufl., Stuttgart, S. 99-112.

N

Nieschlag, R.; Dichtl, E.; Hörschgen, H. (2002): Marketing, 19. Aufl., Berlin.

O

o.V. (2000): Handelsmarken, in: Absatzwirtschaft, 43. Jg., Nr. 7., S. 67-68.

Oehme, W. (2001a): Handels-Marketing. Vom namenlosen Absatzmittler zur markanten Retail Brand, 3. Aufl., München.

Oehme, W. (2001b): Eigenmarken, in: Diller, H. (Hrsg.): Vahlens Großes Marketinglexikon, 2. Aufl., München, S.356.

Olbrich, R.; Braun, D. (2001): Marktmacht als Determinante alternativer Kooperationsformen zwischen Handelsmarkenträger und -produzent, in: Bruhn, M. (Hrsg.): Handelsmarken. Entwicklungstendenzen und Perspektiven der Handelsmarkenpolitik, 3. Aufl., Stuttgart.

Otto, F. (2000): Für Kunden zählt nur die Leistung, in: Lebensmittelzeitung, 52. Jg., Nr. 17, S. 64.

Otto, F. (2005): Private-Label-Umsätze durch Promotions poliert, in: Lebensmittelzeitung, 57. Jg., Nr. 16, S. 48-49.

P

Pepels, W. (1995): Handels-Marketing und Distributionspolitik. Das Konzept des Absatzkanalsmanagements, Stuttgart.

Peters, G. (1998): Die Profilierungsfunktion von Handelsmarken im Lebensmitteleinzelhandel. Eine theoretische und empirische Analyse der deutschen Handelsmarkenpolitik aus Handels- und Kundensicht, Aachen.

Planet Retail (2006a): Grocery Retailing in Germany, in: Planet Retail Ltd. (Hrsg.): Grocery Retailing Reports, S. 1-14.

Planet Retail (2006b): Grocery Retailing in France, in: Planet Retail Ltd. (Hrsg.): Grocery Retailing Reports, S. 1-13.

Planet Retail (2006c): Grocery Retailing in United Kingdom, in: Planet Retail Ltd. (Hrsg.): Grocery Retailing Reports, S. 1-13.

Planet Retail (2006d): Private Label Trends Worldwide, in: Planet Retail Ltd. (Hrsg.): e-intelligence on global retailing, S. 1-47.

PLMA Annuaire International (2006): Un outil statistique pour mieux connaître les tendances annuelles du marché, Amsterdam.

R

Raeber (2001): Handelsmarken und Handelsmarkenpolitik – Erfahrungsberichte aus der Perspektive eines Handelsunternehmens, in: Bruhn, M. (Hrsg.): Handelsmarken. Entwicklungstendenzen und Perspektiven der Handelsmarkenpolitik, 3. Aufl., Stuttgart, S. 335-346.

Rück, D. (2005): Klasse und Masse von einem Band, in: Lebensmittelzeitung, 57. Jg., Nr. 5, S. 12.

S

Saal, M. (2006a): Die Zeichen stehen auf Wachstum, in: HORIZONT, Nr. 38/2006, S. 23.

Saal, M. (2006b): Innovationen heizen Markt an, in: HORIZONT, Nr. 41/2006, S. 6.

Sander, M. (1994): Die Bestimmung und Steuerung des Wertes von Marken, Heidelberg.

Sattler, H. (2001): Markenpolitik, Stuttgart-Berlin-Köln.

Sandler, G. (1994): Herstellermarken, in: Bruhn, M. (Hrsg.): Handbuch Markenartikel, Stuttgart, S. 43-56.

Schäfer, E. (1959): Aufgaben und Ansatzpunkte der Markenforschung, in: Der Markenartikel, Nr. 5/1959, S. 403-412.

Schenk, H.-O. (1997): Funktionen, Erfolgsbedingungen und Psychostrategie von Handels- und Gattungsmarken, in: Bruhn, M. (Hrsg.): Handelsmarken. Entwicklungstendenzen und Zukunftsperspektiven der Handelsmarkenpolitik, 2. Aufl., S. 71-96.

Schenk, H.-O. (2001): Funktionen, Erfolgsbedingungen und Psychostrategie von Handels- und Gattungsmarken, in: Bruhn, M. (Hrsg.): Handelsmarken. Entwicklungstendenzen und Perspektiven der Handelsmarkenpolitik, 3. Aufl., Stuttgart, S. 71-98.

Schenk, H.-O. (2004): Handels-, Gattungs- und Premiumhandelsmarken des Handels, in: Bruhn, M. (Hrsg.): Handbuch Markenführung, 2. Aufl., Wiesbaden, S. 119-150.

Schmalen, H.; Lang, H.; Pechtl, H. (2001): Gattungsmarken als Profilierungsinstrument im Handel, in: Esch, F.-R. (2001): Moderne Markenführung,. Grundlagen – Innovative Ansätze – Praktische Umsetzungen, 3. Aufl., Wiesbaden, S. 961-979.

Schmalen, H.; Schachtner, D. (1999): Discount- vs. Fachhandel im Zeichen des hybriden Konsumenten, in: Dichtl, E.; Lingenfelder, M. (Hrsg.): Meilensteine im deutschen Handel, Frankfurt am Main, S. 123-146.

Schneider, M. (2005): Aldi. Welche Marke steckt dahinter? 100 Aldi-Top-Artikel und ihre prominenten Hersteller, München.

Schobert, F. (1999): "Es sind nur ganz wenige Dinge, die wirklich wichtig sind in der Markenführung", in: Markenartikel, 61. Jg., Nr. 2, S. 4-12.

Schott, B. (1974): Handelsmarken: Motive und Determinanten der vertikalen Integration des Handels, in: Seyffert, R. (Hrsg.): Schriften zur Handelsforschung, Nr. 50, Göttingen.

Schröder, H. (2002): Handelsmarketing. Methoden und Instrumente im Einzelhandel, München.

Siemer, S. (1999): Einkaufsstättenprofilierung durch Handelsmarkenware des Lebensmitteleinzelhandels, Aachen.

Steger, U. (1994): Ökologische Aspekte des Markenartikels, in: Bruhn, M. (Hrsg.): Handbuch Markenartikel. Anforderungen an die Markenpolitik aus Sicht von Wissenschaft und Praxis, Stuttgart, S. 1941-1961.

Sternagel-Ellmauer, E.-M. (1997): Handelsmarkenstrategien und Entscheidungen der Handelsmarkenpolitik, in: Bruhn, M. (Hrsg.): Handelsmarken. Entwicklungstendenzen und Zukunftsperspektiven der Handelsmarkenpolitik, 2. Aufl., Stuttgart, S. 97-116.

Silberer, G. (2001): Wertewandel, in: Diller, H. (Hrsg.): Vahlens Großes Marketinglexikon, 2. Aufl., München, S. 1898-1899.

Stickel, A. (1994): Entwicklungstendenzen des Markenartikels aus Handelsperspektive, in: Bruhn, M. (Hrsg.): Handbuch Markenartikel, Stuttgart, S. 2023-2048.

T

Theis, H.-J. (1999): Handels-Marketing. Analyse- und Planungskonzepte für den Einzelhandel, Frankfurt am Main.

Theis, H.-J. (2007): Handbuch Handelsmarketing. Erfolgreiche Strategien und Instrumente im Handelsmarketing, Frankfurt am Main.

Töpfer, A. (2001): Marktpolarisierung, in: Diller, H. (Hrsg.): Vahlens Großes Marketinglexikon, 2. Aufl., München, S. 1063-1064.

Treis, B.; Gripp, H. (2001): Die Funktionen der Handelsmarke und ihr Schutz durch das Markenrecht, in: Bruhn, M. (Hrsg.): Handelsmarken. Entwicklungstendenzen und Perspektiven der Handelsmarkenpolitik, 3. Aufl., Stuttgart, S. 165-185.

V

Vanderhuck, R. W. (2000): Innovationstempo und Werbepower als Waffen. Industriemarken müssen sich mit neuen Strategien gegen die Handelsmarken behaupten, in: Lebensmittelzeitung, 52. Jg., Nr. 17.

Vanderhuck, R. W. (2001): Marketingmix für Handelsmarken – Power am Point of Sale, in: Bruhn, M. (Hrsg.): Handelsmarken. Entwicklungstendenzen und Perspektiven der Handelsmarkenpolitik, 3. Aufl., Stuttgart, S. 313-332.

Vanderhuck, R. W. (2002a): Kundenbindung und Ertragsteigerung, in: Lebensmittelzeitung, 54. Jg., Nr. 17, S. 60.

Vanderhuck, R. W. (2002b): Nischen sind heute kein Tabu mehr, in: Lebensmittelzeitung, 54. Jg., Nr. 17, S. 57-58.

W

Weinberg, P.; Diehl, S. (2001): Aufbau und Sicherung von Markenbindung unter schwierigen Konkurrenz- und Distributionsbedingungen, in: Köhler, R.; Majer, W.; Wiezorek, H. (Hrsg.): Erfolgsfaktor Marke. Neue Strategien des Markenmanagements, München, S. 23-35.

Wolters, U. (1997): Handelsmarken und Handelsmarkenpolitik – Erfahrungsberichte aus der Perspektive eines Handelsunternehmens, in: Bruhn, M. (Hrsg.): Handelsmarken. Entwicklungstendenzen und Zukunftsperspektiven der Handelsmarkenpolitik, 2. Aufl., Stuttgart, S. 301-316.

Wimmer, F. (2001): Ökologisches Konsumentenverhalten, in: Diller, H. (Hrsg.): Vahlens Großes Marketinglexikon, 2. Aufl., München, S. 1211-1214.

WARC (Hrsg.) (2004): World Drink Trends 2004, United Kingdom.

Z

Zaari Jabri, A. (2005): Handelsmarken. Grundlagen, Strategien, Bewertung, Wachstumsmöglichkeiten, Saarbrücken.

Zentes, J.; Schramm-Klein, H. (2004): Bedeutung der Markenführung im vertikalen Marketing, in: Bruhn, M. (Hrsg.): Handbuch Markenführung, 2. Aufl., Wiesbaden, S. 1679-1705.

Zentes, J.; Swoboda, B. (1998): Trends & Visionen: Wo wird im Jahre 2005 Handel „gemacht"?, in: Liebmann, H.-P.; Zentes J.(Hrsg.): HandelsMonitor (I/98) Band, Frankfurt am Main.

Zentes, J.; Swoboda, B. (2001): Grundbegriffe des Marketing. Marktorientiertes globales Management-Wissen, 5. Aufl., Stuttgart.